中国特色高水平高职学校项目建设成果

数控加工综合实训

主　编　姜东全　孙美娜
主　审　李　敏

哈爾濱工程大學出版社
Harbin Engineering University Press

内容简介

本书内容主要包括数控车削加工实训、数控铣削加工实训和数控车铣综合加工实训3个实训项目。数控车削加工实训包括中间转轴零件数控车削加工、循环泵螺纹轴零件数控车削加工、汽机转子零件数控车削加工、涡轮增压机组配合件数控车削加工4个实训任务;数控铣削加工实训包括垫块零件数控铣削加工、管板零件数控铣削加工、型腔零件数控铣削加工、阀盖零件数控铣削加工4个实训任务;数控车铣综合加工实训包括泄压螺钉零件数控车铣复合加工、连接法兰零件数控车铣复合加工2个实训任务。实训任务充分考虑了学生学习程度的差异性,选取的载体难度区分明显,符合一般学生学习要求,对于特别优秀的学生同样能起到指导作用。

本书是国家职业教育倡导使用的新形态教材,可作为高职机电类专业教材,也可供相关教师、企业工程技术人员参考、借鉴。

图书在版编目(CIP)数据

数控加工综合实训 / 姜东全, 孙美娜主编. -- 哈尔滨 : 哈尔滨工程大学出版社, 2024. 10. -- ISBN 978-7-5661-4604-5

Ⅰ. TG659

中国国家版本馆 CIP 数据核字第 2024K34F52 号

数控加工综合实训

SHUKONG JIAGONG ZONGHE SHIXUN

选题策划 雷 霞
责任编辑 张志雯
封面设计 李海波

出版发行 哈尔滨工程大学出版社
社　　址 哈尔滨市南岗区南通大街 145 号
邮政编码 150001
发行电话 0451-82519328
传　　真 0451-82519699
经　　销 新华书店
印　　刷 哈尔滨市海德利商务印刷有限公司
开　　本 787 mm×1 092 mm　1/16
印　　张 14. 25
字　　数 370 千字
版　　次 2024 年 10 月第 1 版
印　　次 2024 年 10 月第 1 次印刷
书　　号 ISBN 978-7-5661-4604-5
定　　价 49. 80 元

http://www. hrbeupress. com
E-mail:heupress@ hrbeu. edu. cn

中国特色高水平高职学校项目建设
系列教材编审委员会

编 写 说 明

中国特色高水平高职学校和专业建设计划（简称“双高计划”）是我国教育部、财政部为建设一批引领改革、支撑发展、中国特色、世界水平的高等职业学校和骨干专业（群）而实施的重大决策建设工程。哈尔滨职业技术大学（原哈尔滨职业技术学院）入选“双高计划”建设单位，学校对中国特色高水平学校建设项目进行顶层设计，编制了站位高端、理念领先的建设方案和任务书，并扎实地开展人才培养高地、特色专业群、高水平师资队伍与校企合作等项目建设，借鉴国际先进的教育教学理念，开发具有中国特色、符合国际标准的专业标准与规范，深入推动“三教改革”，组建模块化教学创新团队，实施课程思政，开展“课堂革命”，出版校企双元开发活页式、工作手册式、新形态教材。为适应智能时代先进教学手段应用，学校加强对优质在线资源的建设，丰富教材的载体，为开发以工作过程为导向的优质特色教材奠定基础。按照教育部印发的《职业院校教材管理办法》要求，本系列教材编写总体思路是：依据学校双高建设方案中教材建设规划、国家相关专业教学标准、专业相关职业标准及职业技能等级标准，服务学生成长成才和就业创业，以立德树人为根本任务，融入课程思政，对接相关产业发展需求，将企业应用的新技术、新工艺和新规范融入教材之中。教材编写遵循技术技能人才成长规律和学生认知特点，适应相关专业人才培养模式创新和优化课程体系的需要，注重以真实生产项目以及典型工作任务、生产流程、工作案例等为载体开发教材内容体系，理论与实践有机融合，满足“做中学、做中教”的需要。

本系列教材是哈尔滨职业技术大学中国特色高水平高职学校项目建设的重要成果之一，也是哈尔滨职业技术大学教材改革和教法改革成效的集中体现。教材体例新颖，具有以下特色：

第一，教材研发团队组建创新。按照学校教材建设统一要求，遴选教学经验丰富、课程改革成效突出的专业教师担任主编，邀请相关企业作为联合建设单位，形成了一支学校、行业、企业和教育领域高水平专业人才参与的开发团队，共同参与教材编写。

第二，教材内容整体构建创新。精准对接国家专业教学标准、职业标准、职业技能等级标准，确定教材内容体系；参照行业企业标准，有机融入新技术、新工艺、新规范，构建基于职业岗位工作需要的，体现真实工作任务、流程的内容体系。

第三，教材编写模式及呈现形式创新。与课程改革相配套，按照“工作过程系统化”“项目+任务式”“任务驱动式”“CDIO 式”四类课程改革需要设计四种教材编写模式，创新新形态、活页式或工作手册式三种教材呈现形式。

第四，教材编写实施载体创新。根据专业教学标准和人才培养方案要求，在深入企业调研岗位工作任务和职业能力分析基础上，按照“做中学、做中教”的编写思路，以企业典型工作任务为载体进行教学内容设计，将企业真实工作任务、真实业务流程、真实生产过程纳入教材，开发了与教学内容配套的教学资源，以满足教师线上线下混合式教学的需要。同时，本系列教材配套资源在相关平台上线，可满足学生在线自主学习的需要，学生也可随时下载相应资源。

第五，教材评价体系构建创新。从培养学生良好的职业道德、综合职业能力、创新创业能力出发，设计并构建评价体系，注重过程考核和学生、教师、企业、行业、社会参与的多元评价，在学生技能评价上借助社会评价组织的“1+X”考核评价标准和成绩认定结果进行学分认定，每部教材根据专业特点设计了综合评价标准。为确保教材质量，哈尔滨职业技术大学组建了中国特色高水平高职学校项目建设成果编审委员会。该委员会由职业教育专家组成，同时聘请企业技术专家进行指导。学校组织了专业与课程专题研究组，对教材编写持续进行培训、指导、回访等跟踪服务，建立常态化质量监控机制，为修订、完善教材提供稳定支持，确保教材的质量。

本系列教材在国家骨干高职院校教材开发的基础上，经过几轮修改，融入了课程思政内容和“课堂革命”理念，既具教学积累之深厚，又具教学改革之创新，凝聚了校企合作编写团队的集体智慧。本系列教材充分展示了课程改革成果，力争为更好地推进中国特色高水平高职学校和专业建设及课程改革做出积极贡献！

哈尔滨职业技术大学

中国特色高水平高职学校项目建设系列教材编审委员会

2024 年 6 月

前　　言

《数控加工综合实训》是高职机械类专业数控加工实训课程的配套教材。本教材根据高职院校的培养目标,按照高职院校教学改革和课程改革的要求,以企业调研为基础,确定工作任务,明确课程目标,制定课程设计的标准,以能力培养为主线,与企业合作,共同进行课程的开发和设计。

本教材从职业岗位(数控机床操作员、数控编程员、数控系统工程师等)需求出发,确定工作任务及工作能力,然后选定所学课程理论知识。以学生能力培养为核心,以智能制造技术为主线,精心、科学、合理地设计教学情境和工作任务。

本教材的特色与创新体现在以下几个方面。

1. 采用"项目-任务"式新的结构形式。本教材完全打破了传统知识体系章节的结构形式,与企业合作,校企合作开发了全新的以任务为载体的任务结构形式;教材设计的教学模式对接岗位工作模式,融知识点、技能点和思政点于学习目标、任务描述、任务分析、相关知识、任务实施、任务评价等部分,实现教材教学功能的有机拆分与实时聚合。

2. 全面融入行业技术标准,加强素质教育与能力培养。将数控加工技术标准、学生就业岗位的智能制造生产线操作与运维员职业资格标准融入教材中,突出了职业道德和职业能力培养。通过学生自主学习,在完成学习性工作任务的同时培养学生在知识、技能、思政、劳动教育和职业素养方面的综合职业能力,锻炼学生分析问题、解决问题的能力,注重多种教学方法和学习方法的组合运用,将学生素质教育与能力培养融入教材。

本教材共设 3 个实训项目,10 个实训任务,参考教学时数为 40~50 学时。

本教材由哈尔滨职业技术大学姜东全、孙美娜主编,徐萍参与编写。其中,姜东全负责确定教材的体例、统稿工作,并编写项目 1 中的任务 4、项目 2;孙美娜编写项目 1 中的任务 1~任务 3;徐萍编写项目 3。本教材由哈尔滨职业技术大学李敏老师主审,哈尔滨汽轮机厂有限责任公司杨庆仁提出了很多专业技术性修改建议。

由于编写组的业务水平和经验有限,书中难免有不妥之处,恳请指正。

编　者

2024 年 4 月

目　录

实训项目 1　数控车削加工实训

【项目目标】

知识目标：

1. 能够准确阐述数控车削加工工艺的制定原则；

2. 能够阐述数控加工指令及应用方法；

3. 能够描述数控车床加工基本操作方法。

能力目标：

1. 能够通过分析加工工艺的制定原则，拟定数控车削加工工艺文件；

2. 能够根据常用数控加工指令，编制典型零件数控车削加工程序；

3. 能够根据数控车床基本操作方法，完成典型零件的数控车削加工。

素质目标：

1. 具有精益求精的工匠精神，能够感受科技发展、树立积极的学习态度；

2. 具有定置化管理观念，能够按企业有关文明生产规定，做到工作地整洁，工件、工具摆放整齐等。

【实训内容】

数控车削加工是机械加工中应用最为广泛的方法之一，主要用于回转体零件的加工。数控车床的加工工艺类型主要包括钻中心孔、车外圆、车端面、钻孔、镗孔、铰孔、切槽车螺纹、滚花、车锥面、车成型面、攻螺纹。此外借助标准夹具（如四爪单动卡盘）或专用夹具，在车床上还可完成非回转体零件上的回转表面加工。

根据被加工零件的类型及尺寸的不同，车削加工所用的车床有卧式、立式、仿形、仪表等多种类型。按被加工表面的不同，所用的车刀也有外圆车刀、端面车刀、镗孔刀、螺纹车刀、切断刀等不同类型。此外，恰当地选择和使用夹具，不仅可以保证加工质量，提高生产效率，还可以有效地拓展车削加工的工艺范围。数控车削加工部分主要介绍以 FANUC 为控制系统的数控车床，通过中间转轴、循环泵螺纹轴、汽车转子、涡轮增压机组配合件四个典型工业零部件，分别介绍台阶轴零件、成型面零件、螺纹零件及配合件的数控加工方法。

任务 1　中间转轴零件数控车削加工

【任务描述】

本任务介绍在数控车床上，采用三爪自定心卡盘对零件装夹定位，用外圆车刀、切断刀加工如图 1-1-1 所示的中间转轴零件。能够完成台阶轴零件加工工艺编制、程序编写及数控车削加工，并对加工后的零件进行检测、评价。

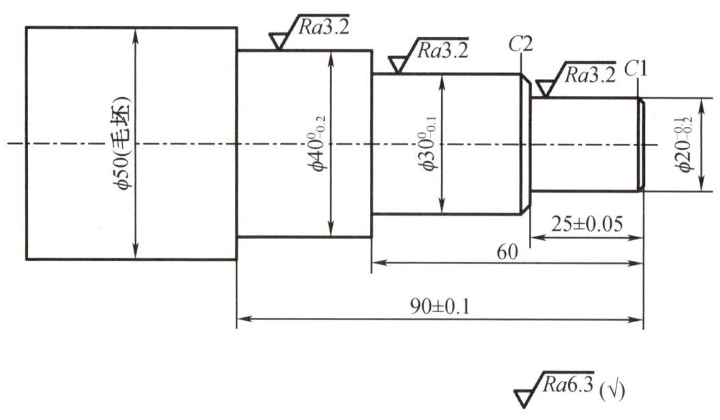

图 1-1-1　中间转轴零件①

【任务分析】

中间转轴零件，毛坯是直径为 50 mm 的 45 号钢棒料，无热处理和硬度要求，有足够的夹持长度，单件生产。

该零件为典型的台阶轴零件，外形较简单，需要加工台阶外圆、倒角并切断，为一典型的数控车削零件。加工时应先进行粗加工，然后是精加工，最后进行切断。

【相关知识】

一、FANUC 车床系统面板

FANUC 车床系统面板分为两大区域：液晶显示屏区域和编辑面板区域，编辑面板又分为 MDI 键盘和功能键，如图 1-1-2 所示。

图 1-1-2　FANUC 车床系统面板

① 本书图中长度单位均为毫米(mm)，粗糙度单位均为微米(μm)。

1. 显示器

根据所按功能键的不同，阴极射线管(CRT)显示器可显示机床坐标值、程序、刀补库、系统参数、报警信息和走刀路线等。此外，针对所选功能键，在CRT显示器的下方会显示不同的软键，用户可通过这些软键实现相应信息的查阅和修改。

2. 编辑面板部分

编辑面板各按键功能如表1-1-1所示。

表1-1-1　编辑面板按键功能

名称	功能键图标	功能说明
数字/字母键	O P, N Q, G R, 7 A, 8 B, 9 D, X C, Z Y, F L, 4 [, 5], 6 SP, M I, S K, T J, 1 ,, 2 #, 3 =, U H, W V, EOB E, - +, 0 ., · /	用于输入数字或者字母，输入时自动识别所输入的为字母还是数字。 其中，EOB键为回车换行键，编辑程序时输入";"换行
功能键	POS, PROG, OFFSET SETTING, SYSTEM, MESSAGE, CUSTOM GRAPH	POS：切换CRT到机床位置界面 PROG：切换CRT到程序管理界面 OFFSET SETTING：用于进行刀具补偿数据的显示与设定 SYSTEM：用来显示系统画面 MESSAGE：用来显示提示信息 CUSTOM GRAPH：用来显示图形画面
移位键	SHIFT	某些键的顶部有两个字符，用此键进行选择
取消键	CAN	删除输入区最后一个字符
输入键	INPUT	把输入区域内的数据输入参数页面或者输入一个外部的数控程序
编辑键	ALERT, INSERT, DELETE	ALERT：替换键，编辑程序时修改光标块内容 INSERT：插入键，编辑程序时在光标处插入内容，或者插入新程序 DELETE：删除键，编辑程序时删除光标块的程序内容，或者删除程序
翻页键	PAGE ↑, PAGE ↓	使屏幕向前或向后翻一页，在检查程序和诊断时使用

表 1-1-1(续)

名称	功能键图标	功能说明
光标移动键		控制光标在操作区上下、左右移动,在修改程序或参数时使用
帮助键		显示如何操作机床,可在数据机床发生报警时提供报警信息
复位键		用来对 CNC 进行复位,或清除报警信息

二、数控车床操作面板

不同厂家生产的车床的操作面板略有不同,但是基本功能都是一致的,如图 1-1-3 所示。

图 1-1-3 车床操作面板

数控车床操作面板功能如表 1-1-2 所示。

表 1-1-2 数控车床操作面板功能

按键	名称	功能
	电源开关	系统电源开关,包括"控制器通电"和"控制器断电"两个按钮
	机床准备	打开驱动开关

表 1-1-2(续 1)

按键	名称	功能
	程序保护	程序保护锁
	紧急停止	紧急停止按钮
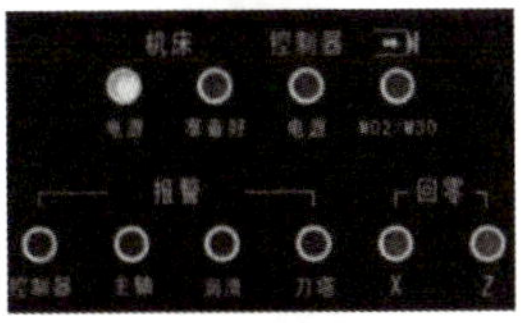	指示灯	状态指示灯
	跳步	此按键按下时,程序中的“/”有效
	单步	此按键按下时,运行程序时每次执行一条数控指令
	空运行	此按键按下时,程序中的插补运动均以快速运动方式执行
	MST 锁定	此按键按下时,程序中 MST 功能(辅助功能、主轴功能、刀具功能)被锁定
	机床锁定	此按键按下时,机床被锁定,不能执行运动
	选择性锁定	此按键按下时,程序中的“M01”代码有效
	内外卡盘	通过此按键选择内外卡盘方式
	自定义	厂家自定义按键(该机床未定义)
	刀库	利用该按键手动控制刀架正转、反转
	顶尖	利用该按键控制顶尖前后移动
	冷却	此按键按下时,冷却泵打开

表 1-1-2(续 2)

<table>
<tr><th>按键</th><th>名称</th><th colspan="2">功能</th></tr>
<tr><td> </td><td>手动润滑</td><td colspan="2">此按键按下时,开启润滑加油装置</td></tr>
<tr><td> </td><td>排屑</td><td colspan="2">此按键按下时,开启排屑器</td></tr>
<tr><td> </td><td>工作灯</td><td colspan="2">此按键按下时,打开工作灯</td></tr>
<tr><td rowspan="9"> 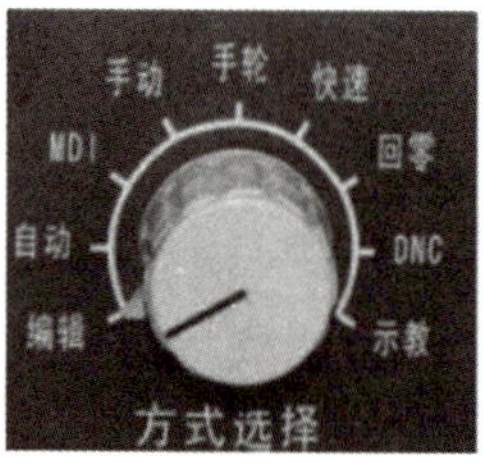</td><td rowspan="9">方式选择</td><td>示教</td><td>进入示教模式</td></tr>
<tr><td>DNC</td><td>进入分布式数控(DNC)模式,输入/输出资料</td></tr>
<tr><td>回零</td><td>进入回零模式,机床首先必须执行回零操作,然后才可以运行</td></tr>
<tr><td>快速</td><td>进入手动快速移动模式</td></tr>
<tr><td>手轮</td><td>进入手轮模式</td></tr>
<tr><td>手动</td><td>进入手动模式,连续移动机床</td></tr>
<tr><td>MDI</td><td>进入 MDI 模式,手动输入并执行指令</td></tr>
<tr><td>自动</td><td>进入自动加工模式</td></tr>
<tr><td>编辑</td><td>进入编辑模式,用于直接通过操作面板输入数控程序和编辑程序</td></tr>
<tr><td> </td><td>进给倍率</td><td colspan="2">此旋钮用于调整手动进给或自动加工过程中插补进给速度</td></tr>
<tr><td> </td><td>主轴倍率</td><td colspan="2">此旋钮用于调整主轴转速</td></tr>
<tr><td> 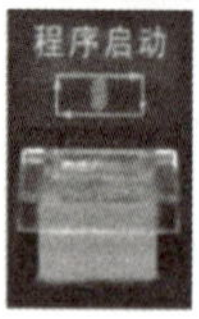</td><td>程序启动</td><td colspan="2">程序运行开始,“方式选择”旋钮在“AUTO”或“MDI”位置时按下有效,其余模式下使用无效</td></tr>
</table>

表 1-1-2(续 3)

按键	名称	功能
进给保持	进给保持	程序运行暂停,在程序运行过程中,按下此按钮运行暂停,再按“START”键从暂停的位置开始执行
手轮 快速/倍率 X1 F0 X10 25% X100 50% 100%	点动步长选择	×1、×10、×100 分别代表移动量为 0.001 mm、0.01 mm、0.1 mm;F0、25%、50%、100%分别设定快速手动进给速度
主轴 正转 停止 反转	主轴控制	控制主轴正转、停止、反转

三、数控车床坐标系

在数控编程时,为了描述车床的运动、简化程序编制的方法及保证记录数据的互换性,将数控车床的坐标系和运动方向标准化,国际标准化组织(ISO)和我国都拟订了命名的标准。车床坐标系是以车床原点 O 为坐标系原点并遵循笛卡儿坐标系右手定则建立的由 X、Y、Z 轴组成的直角坐标系。车床坐标系是用来确定工件坐标系的基本坐标系,是车床上固有的坐标系,并设有固定的坐标原点。

1. 坐标原则

(1)遵循笛卡儿坐标系右手定则,如图 1-1-4 所示。

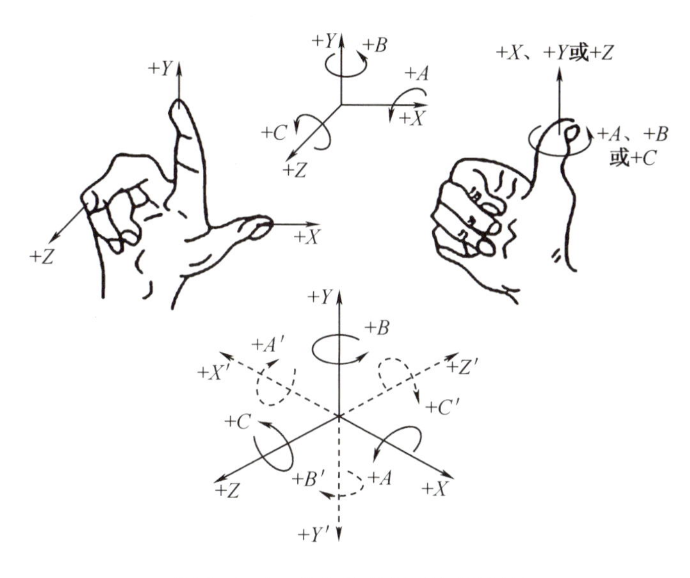

图 1-1-4　笛卡儿坐标系右手定则

(2)永远假设工件是静止的,刀具相对于工件运动。

(3)刀具远离工件的方向为正方向。

图 1-1-5 所示为常见的卧式数控车床的标准坐标系。

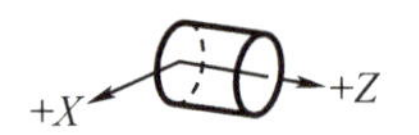

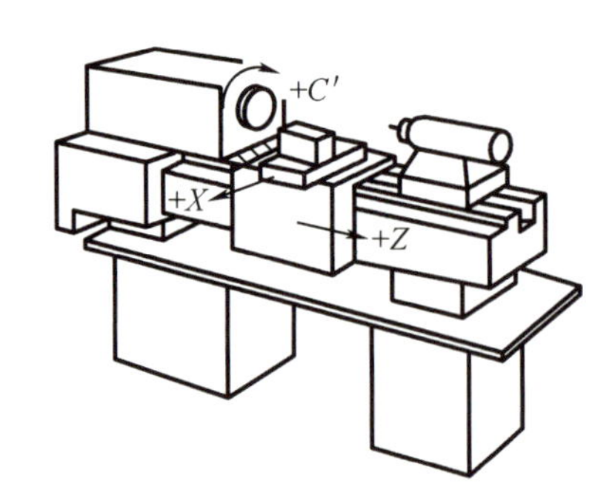

图 1-1-5　常见的卧式数控车床的标准坐标系

2. 坐标轴

(1) *Z* 坐标轴的运动

Z 坐标轴的运动是由传递切削力的主轴所决定的，与主轴轴线平行的坐标轴即为 *Z* 坐标轴。车床主轴带动工件旋转；*Z* 坐标轴的正方向为增大工件与刀具之间距离的方向。

(2) *X* 坐标轴的运动

X 坐标轴是水平的，它平行于工件的装卡面，是在刀具或工件定位平面内运动的主要坐标轴。对于工件旋转的机床（如车床、磨床等），*X* 坐标轴的方向是在工件的径向轴上，且平行于横滑座。刀具离开工件旋转中心的方向为 *X* 坐标轴的正方向，如图 1-1-5 所示。

3. 车床坐标系旋转运动及附加轴

(1) 绕 *X*、*Y*、*Z* 坐标轴的旋转运动分别用 *A*、*B*、*C* 来表示，按右手螺旋定则确定其正方向。

(2) 附加轴：

①附加轴的移动坐标用 *U*、*V*、*W* 和 *P*、*Q*、*R* 表示。

②附加轴的旋转坐标用 *D*、*E*、*F* 表示。

(3) 工件运动的正方向与刀具运动的正方向正好相反，分别用 $+X'$、$+Y'$、$+Z'$ 表示。

4. 车床原点

车床原点是指在车床上设置的一个固定点，即车床坐标系的原点，它是在车床装配、调试时就确定下来的，是数控车床进行加工运动的基准参考点，是不能更改的。在数控车床上，车床原点一般取在 *X*、*Z* 坐标轴的正方向极限位置上。

四、数控车床基本操作

1. 开机与关机

(1) 开机

打开车床电器柜电源开关→按车床面板的“控制器通电”按钮→检查“急停”按钮是否松开（若未松开，旋转“急停”按钮，将其松开）→按“机床准备”按钮，开启车床电源。

(2)关机

按“复位键”复位系统→按下“急停”按钮→按下车床操作面板上的“控制器断电”按钮→关闭车床总电源。

2. 回零操作

回零又叫回车床参考点。

开机后,首先必须进行回零操作,其目的是建立车床坐标系。

操作方法有以下两种。

(1)手动方式回零

X 轴回零:将“方式选择”开关旋转至“回零”状态→按“轴选择 *X*”键→ 按 “手动+”键。

Z 轴回零:按“轴选择 *Z*”键→按 “手动+”键。

(2)MDI 操作回零

将“方式选择”开关旋转至“MDI”状态,进入 MDI 操作界面,输入“G28 U0 W0”,再按“程序启动”按钮即可。

注意:在回零操作之前,确保当前位置为参考点的负方向一段距离。

回零操作时,应先回 *X* 轴,再回 *Z* 轴。

3. 手动操作

(1)手动/连续方式

进入手动操作模式:将车床面板上“方式选择”开关旋转至手动状态。

手动操作轴的移动:通过“轴选择”按钮,选择需要移动的 *X* 或 *Z* 轴,按“手动”按键,控制轴的正、负方向的移动。

(2)手轮操作

刀架的运动可以通过手轮来实现, 适用于微动、对刀、精确移动刀架等操作。

①按下“轴选择”按钮中的 *X* 或 *Z*,选择需要移动的坐标轴方向。

②移动速度由“手动快速倍率”按钮进行调节,选择合适的倍率。倍率挡:

“×1”——手轮每转动 1 格相应的坐标轴移动 0.001 mm;

“×10”——手轮每转动 1 格相应的坐标轴移动 0.01 mm;

“×100”——手轮每转动 1 格相应的坐标轴移动 0.1 mm。

③旋转“手轮”,可精确控制车床进给轴的移动。

顺时针转动手轮,坐标轴向正方向移动。

逆时针转动手轮,坐标轴向负方向移动。

4. MDI 操作

MDI 方式也叫数据输入方式,它具有从操作面板输入一个程序段或指令并执行该程序段或指令的功能,常用于启动主轴、换刀、对刀等操作。

操作步骤:

(1)将车床面板上“方式选择”开关旋转至“MDI”状态,进入 MDI 方式。在 MDI 键盘上按“PROG”键,进入编辑页面。

(2)按“程序启动”按钮运行程序。用“RESET”可以清除输入的数据。

5. 编辑方式

在编辑方式下,可以对程序进行编辑和修改。

(1)显示程序存储器的内容,如图 1-1-6 所示。

操作步骤如下:

①将“方式选择”开关旋转至“编辑”状态。

②按 “PROG” 键显示程式(PROGRAM)画面。

③按【LIB】软键后屏幕显示。

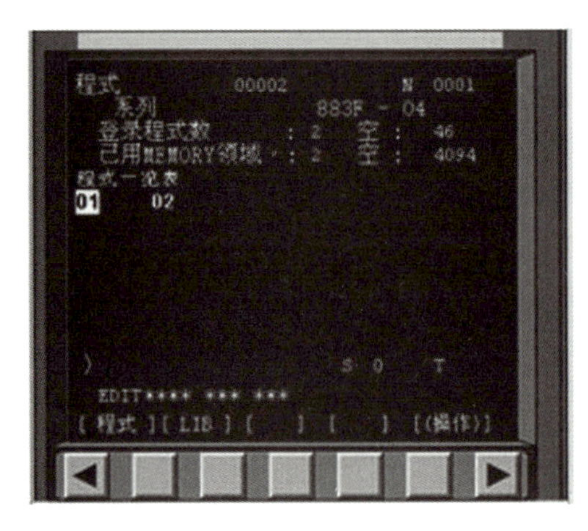

图 1-1-6　显示存储器内容

(2)输入新的加工程序,如图 1-1-7 所示。

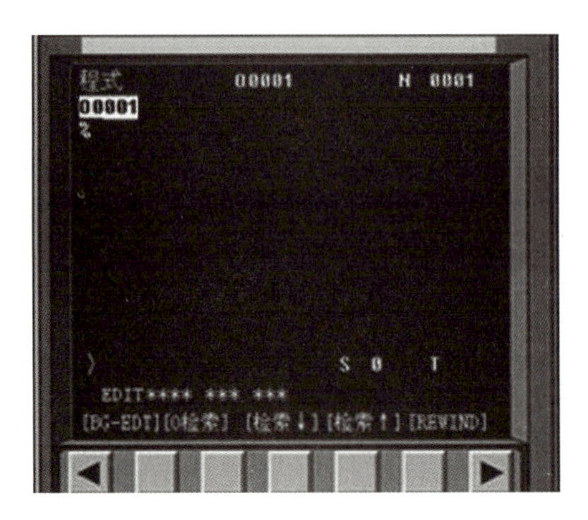

图 1-1-7　建立新程序

操作步骤如下:

①将“方式选择”开关旋转至“编辑”状态。

②按 “PROG” 键显示程式(PROGRAM)画面。

③输入程序名 O0001,按“INSERT”键确认,建立一个新的程序号,然后即可输入程序的内容。

④每输入一个程序句后按 “EOB” 键表示语句结束,然后按“INSERT” 键将该语句输入。输入结束,屏幕显示语句。程序输入显示如图 1-1-8 所示。

(3)编辑程序,步骤如下。

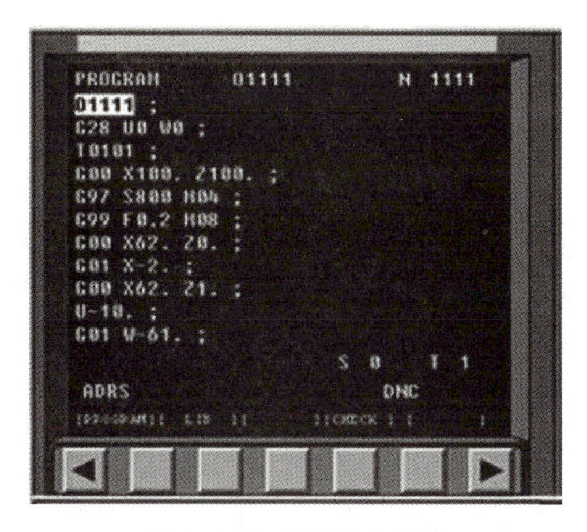

图 1-1-8 程序输入显示

①检索程序

a. 将“方式选择”开关旋转至“编辑”状态。

b. 按“PROG” 键,CRT 显示程式画面。

c. 输入要检索的程序号(如 O0100)。

d. 按【O 检索】软键,即可调出所要检索的程序。

②检索程序段(语句)

检索程序段需在已检索出程序的情况下进行。

a. 输入要检索的程序段号(如 N6)。

b. 按【检索↓】软键,光标即移至所检索的程序段 N6 所在的位置,如图 1-1-9 所示。

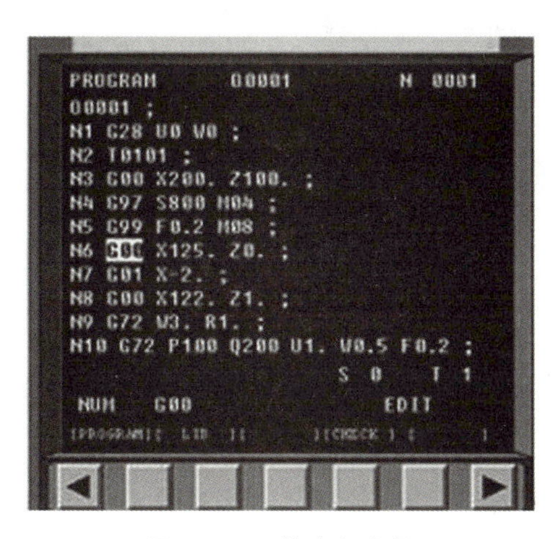

图 1-1-9 检索程序段

③检索程序中的字

a. 输入所需检索的字(如 Z-10.)。

b. 以光标当前的位置为准,向前面程序检索,按【检索↑】软键;向后面程序检索,按【检索↓】软键。光标移至所检索的字第一次出现的位置,如图 1-1-10 所示。

④字的修改

例如:将 Z-10. 改为 Z1.0。

a. 将光标移至 Z-10. 位置(可用检索方法)。

b. 输入要改变的字 Z1.0。

c. 按 “ALERT” 键,用 Z1.0 将 Z-10. 替换,如图 1-1-11 所示。

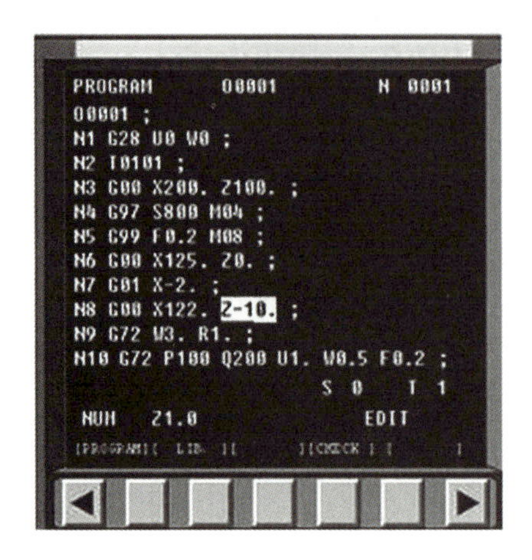

图 1-1-10 检索指令字

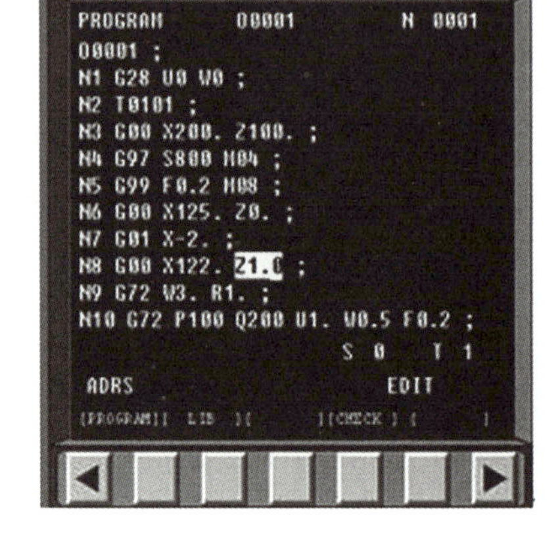

图 1-1-11 替换指令字

⑤删除字

例如:“N1 G00 X122.0 Z1.0;”删除其中的 Z1.0。

a. 将光标移至要删除的字 Z1.0 位置。

b. 按 “DELETE” 键,Z1.0 被删除,光标自动向后移,如图 1-1-12、图 1-1-13 所示。

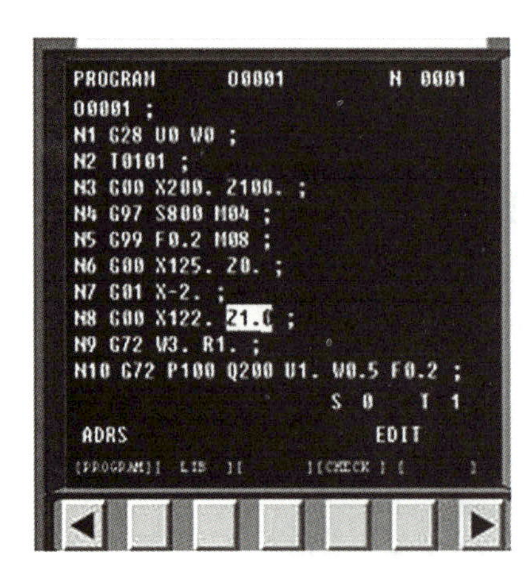

图 1-1-12 要删除的字

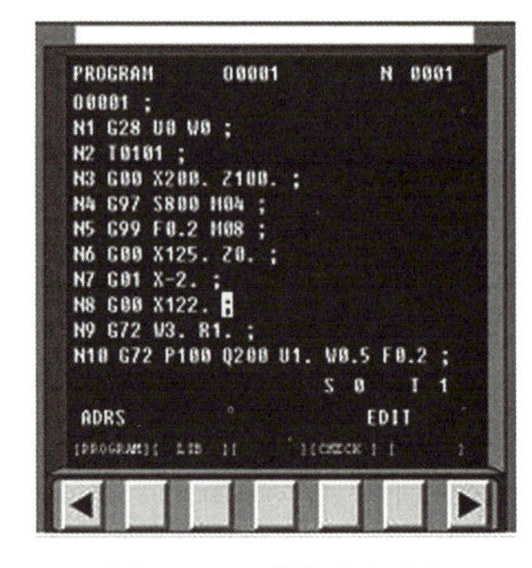

图 1-1-13 将指令字删除

⑥删除程序段

例如:删除此程序段

O0100;

N1 G50 S3000;

……

a. 将光标移至要删除的程序段第一个字 N1 处。

b. 按“EOB”键。

c. 按“DELETE”键,即删除了整个程序段。

⑦插入字

例如:在程序段“G01 Z20. 0;”中插入“X 10. 0”,改为“G01 X10. 0 Z20. 0;”。

a. 将光标移动至要插入的字前一个字的位置(G01)处。

b. 键入 X10. 0。

c. 按 “INSERT” 键,插入完成,程序段变为“G01 X10. 0 Z20. 0 ;”。

⑧删除程序

例如:删除程序号为 O0100 的程序。

a. 将“方式选择”开关旋转至“编辑”状态。

b. 按“PROG”键选择显示程序画面。

c. 输入要删除的程序号 O0100。

d. 按 “DELETE” 键程序 O0100 被删除。

6. 刀具参数设置

假设为 1 号刀,刀具参数设置如下。

对 *X* 轴:先车工件端面,按软菜单键【形状】,显示刀补参数画面(图 1-1-14),在刀补号 G001 中输入“Z0”,按软菜单键【测量】,则 *Z* 轴方向设置完毕。

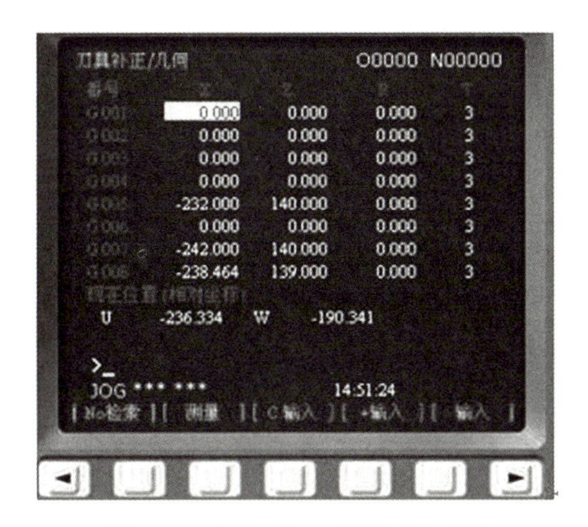

图 1-1-14　刀补参数画面显示图

对 *Z* 轴:试切外圆一刀,沿 *Z* 轴方向退刀,停主轴,测量工件直径(假设测量值为 ϕ42. 36 mm),然后按[OFFSET SETTING],按软菜单键【形状】,显示刀补参数画面,在刀补号 G001 中输入“X42. 36”,按软菜单键【测量】,则 *X* 轴方向设置完毕。

如果有多把刀对刀,则其余刀具以同样的方法,分别碰外圆和端面,设置同样的数据并测量即可。

7. 自动加工

数控车床在经过启动、程序编辑、刀具安装、工件安装找正、对刀等一系列操作后,便可进入自动加工状态,完成工件最终的实际切削加工。循环运行启动时,还可以利用车床的相关功能,对加工程序、数据设置等进行进一步全面的检查校验,以确保自动加工时零件的加工质量和车床的安全运行。

(1) 自动运行的启动

①将“方式选择”开关旋转至“AUTO”状态。

②按 “PROG”键,输入要运行的程序号,按“光标下移”键打开程序。

③按复位键 “RESET”将程序复位,光标指向程序的开始,如图 1-1-15 所示。

```
PROGRAM        O0001          N  0001
O0001 ;
N1 G28 U0 W0 ;
N2 T0101 ;
N3 G00 X200. Z100. ;
N4 G97 S800 M04 ;
N5 G99 F0.2 M08 ;
N6 G00 X125. Z0. ;
N7 G01 X-2. ;
N8 G00 X122. ;
N9 G72 W3. R1. ;
N10 G72 P100 Q200 U1. W0.5 F0.2 ;
                              S  0    T  1
 ADRS                         AUTO
[PROGRAM][ LIB ][        ][CHECK ][       ]
```

图 1-1-15　自动加工前的状态

④按“循环启动”键,自动循环运行。

(2) 自动加工

在自动运行状态下按“功能选择”键中不同的方式按钮,可以选择进入不同的控制状态。

①跳步

自动加工时,系统可跳过某些指定的程序段,称为跳步。

在自动运行过程中,按“跳步”按钮使跳步功能有效,机床将在运行中跳过带有“/”跳步符号的程序段向下执行程序。

例如,在某程序段首加上“ / ”(如 /N4　G97 ……),且在面板上按下“跳步”开关,则在自动加工时,N4、N5 两句程序段被跳过不执行;而当释放此开关后, “ / ”不起作用,该段程序被正常执行,如图 1-1-16 所示。

```
PROGRAM        O0001          N  0001
O0001 ;
N1 G28 U0 W0 ;
N2 T0101 ;
N3 G00 X200. Z100. ;
/ N4 G97 S800 M04 ;
/ N5 G99 F0.2 M08 ;
N6 G00 X125. Z0. ;
N7 G01 X-2. ;
N8 G00 X122. ;
N9 G72 W3. R1. ;
N10 G72 P100 Q200 U1. W0.5 F0.2 ;
                              S  0    T  1
 ADRS                         AUTO
[PROGRAM][ LIB ][        ][CHECK ][       ]
```

图 1-1-16　跳步状态

②单步运行

在自动加工试切时，出于安全考虑，可选择单段执行加工程序的功能。

在自动运行中，按“单步”按钮，使单步运行有效，机床在执行完一个程序段后停止，每按一次数控启动键，仅执行一个程序段的动作，可使加工程序逐段执行。

③空运行

自动加工启动前，不将工件或刀具装上机床，进行车床空运转，以检查程序的正确性。

按“空运行”按钮，使空运行有效，此时按程序启动按键，车床忽略程序指定的进给速度，空运转时的进给速度与程序无关，以系统设定的快速运行程序为准。

此操作常与车床锁定功能一起用于程序的校验，不能用于加工零件。

④MST 锁定

在自动执行程序时，若按下“MST 锁定”按钮，可以锁定程序中的 M、S、T 功能，即程序中的 M、S、T 指令将不能执行任何动作。

⑤车床锁定

在自动执行程序时，若按下“机床锁定”按钮，可以锁定所有进给轴，只运行程序，但车床不会有任何进给动作。

通常，可以在空运行状态下将“MST 锁定”和“机床锁定”功能设置为有效，在图形轨迹显示面板上检查运行轨迹，以校验程序的正确性。

⑥图形轨迹显示

有图形模拟加工功能的数控车床，在自动加工前，为避免程序错误、刀具碰撞工件或卡盘，可对整个加工过程进行图形模拟加工，检查刀具轨迹是否正确。

在自动运行过程中，按下图形“GRAPH”键可以进入程序轨迹图形模拟状态，在 CRT 上显示程序运行轨迹，以便对所使用的程序进行检验，如图 1-1-17 所示。

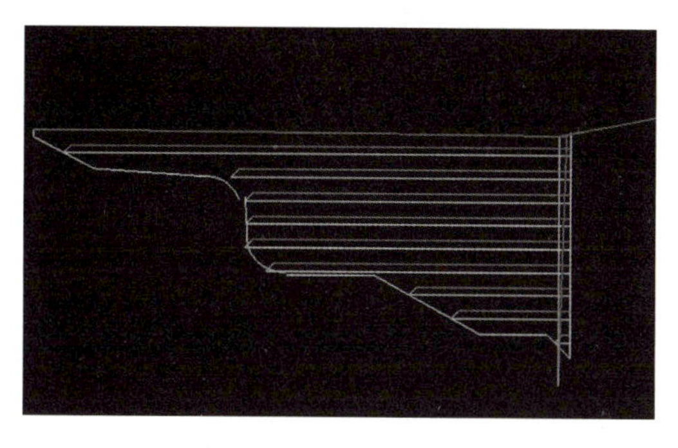

图 1-1-17　图形轨迹

(3)自动运行的停止

在自动运行过程中，除程序指令中的暂停(M00)、程序结束(M02、M30)等指令可以使自动运行停止外，操作者还可以使用操作面板上的“进给保持”按钮、“急停”按钮、复位键等来中断或停止机床的自动加工。

五、数控车床基本编程指令

在数控车床加工中，常用 G 指令(准备功能指令)、M 指令(辅助功能指令)、T 指令和 S 指令来控制各种加工操作。其中，G 指令和 M 指令各有 100 种指令功能，用跟在其后的

0~99个数字区分。

代码分为模态和非模态代码。模态代码表示该代码功能一直保持，直到被取消或被同组的另一个代码所代替。非模态代码只在该代码所在的程序段有效。

数控车床加工程序是由各种功能字按照规定的格式组成的。程序格式如下。

1. 字符与代码

字符是用来组织、控制或表示数据的一些符号，如数字、字母、标点符号、数学运算符等。

2. 字与字的功能类别

在数控加工程序中，字是指一系列按规定排列的字符，作为一个信息单元存储、传递和操作。字是由一个英文字母与随后的若干位十进制数字组成的，这个英文字母被称为地址符。

例如，“X25.0”是一个字，X为地址符，数字“25.0”为地址中的内容。

组成程序段的每一个字都有其特定的功能含义，以下是以FANUC车床系统的规范为主来介绍的。

①顺序号指令（或程序段号）N

N1~N9999，一般放在程序段首。

功能：表示该程序段的号码，通常间隔5~10，便于在以后插入程序时不会改变程序段号的顺序。

顺序号指令不代表数控程序执行顺序，可以不连续，通常由小到大排列，仅用于程序的校对与检索。

②尺寸字

功能：用于确定车床上刀具运动终点的坐标位置。

其中，第一组X、Y、Z、U、V、W、P、Q、R用于确定终点的直线坐标尺寸；第二组A、B、C、D、E用于确定终点的角度坐标尺寸；第三组I、J、K用于确定圆弧轮廓的圆心坐标尺寸。在一些数控系统中，还可以用P指令指示暂停时间、用R指令指示圆弧的半径等。

③进给功能字F

功能：表示刀具切削加工时进给速度的大小，数控车床进给速度的单位为mm/r，或mm/min。

例如，G01 X10.0 Z-30.0 F0.2表示刀具进给速度为0.2 mm/r。

④主轴转速功能字S

功能：主轴转速功能字的地址符是S，又称为S功能或S指令，用于指定主轴转速，单位为r/min。

⑤刀具功能字T

功能：刀具功能字的地址符是T，又称为T功能或T指令，用于指定加工时所用刀具的编号。对于数控车床，其后的数字还兼作指定刀具长度补偿和刀尖半径补偿用。

⑥辅助功能字M

M00~M99（或M999），前置的“0”可省略不写。例如，M02与M2、M03与M3可以互用。

功能：表示数控车床辅助装置的接通和断开。常用FANUC车床系统辅助功能指令及含义如表1-1-3所示。

表 1-1-3　FANUC 车床系统辅助功能指令及含义

代码	是否模态	功能说明	代码	是否模态	功能说明
M00	非模态	程序停止	M03	模态	主轴正转启动
M01	非模态	选择停止	M04	模态	主轴反转启动
M02	非模态	程序结束	M05	模态	主轴停止转动
M30	非模态	程序结束并返回	M07	模态	切削液打开
M98	非模态	调用子程序	M08	模态	切削液打开
M99	非模态	子程序结束	M09	模态	切削液停止

⑦准备功能指令(G 代码或 G 功能)

G00~G99(或 G999),前置的"0"可省略不写。例如,G02 与 G0、G01 与 G1 可以互用。

功能:建立车床或控制系统工作方式的一种命令。

六、指令使用说明

不同数控系统 G 代码各不相同,同一数控系统不同型号 G 代码也有变化,使用时应以数控车床使用说明书为准。

G 代码有模态代码和非模态代码两种。模态代码是指该指令一旦在某程序中被使用,将一直保持有效到被同组的其他指令取代,或整个程序结束为止。非模态代码仅在某个程序段中有效,若需继续使用该功能则必须在后续的程序段中重新指定。

常见的 FANUC 车床系统 G 代码功能如表 1-1-4 所示。

表 1-1-4　常见的 FANUC 车床系统 G 代码功能

G 代码	组	功能	G 代码	组	功能
* G00	01	快速定位	G70	00	精加工循环
G01		直线插补	G71		内外径粗切循环
G02		圆弧插补(顺时针)	G72		端面(台阶)粗切循环
G03		圆弧插补(逆时针)	G73		平行轮廓(成型)切削循环
G04	00	暂停延时	G74		*Z* 向进给钻削
G20	06	英制输入	G75		*X* 向切槽
G21		米制输入	G76		切螺纹循环
G28	00	返回参考点	* G80	10	取消固定循环
G29		由参考点返回	G83		钻孔循环
G30		返回第二参考点	G84		攻螺纹循环
G32	01	螺纹切削	G85		正面镗孔循环
* G40	07	刀具补偿取消	G87		侧面钻孔循环
G41		左半径补偿	G88		侧面攻螺纹循环
G42		右半径补偿	G89		侧面镗孔循环

表 1-1-4(续)

G 代码	组	功能	G 代码	组	功能
G52	00	坐标系设定	G90	01	内外径切削循环
* G54	11	工件坐标系选择	G92		切螺纹循环
G55			G94		端面(台阶)切削循环
G56			G96	16	恒线速度切削
G57			* G97		取消恒线速度切削
G58			G98	05	每分钟进给率
G59			* G99		每转进给率

注:00 组代码为非模态代码;表中带 * 者为开机时初始化的代码。

1. 刀具快速定位指令 G00

指令功能:指刀具以机床规定的速度从所在位置移动到目标点,移动速度由机床系统设定,无须在程序段中指定。

指令格式:

G00 X(U)_Z(W)_;

其中:

X(*U*)、*Z*(*W*)——目标点坐标值。

指令使用说明:

(1)用 G00 指令快速移动时,地址 F 下编程的进给速度无效。

(2)G00 为模态有效代码,一经使用持续有效,直到被同组 G 代码(G01、G02、G03……)取代。

(3)G00 指令的刀具运动速度快,容易撞刀,使用在退刀及空行程场合能减少运动时间,提高效率。

(4)G00 指令的目标点不能设置在工件上,一般应与工件有 2~5 mm 的安全距离,也不能在移动过程中碰到车床和夹具。

例 如图 1-1-18 所示,以 G00 指令刀具从 *A* 点移动到 *B* 点。

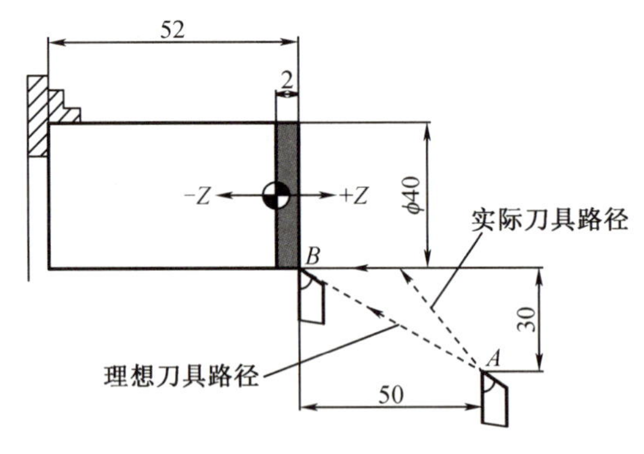

图 1-1-18 G00 快速点定位

绝对指令:G00 X40.0 Z2.0;

增量指令:G00 U-60.0 W-50.0;

相关知识点：

①符号"◕"代表编程原点；

②在某一轴上相对位置不变时，可以省略该轴的移动指令；

③在同一程序段中绝对坐标指令和增量坐标指令可以混用；

④从图 1-1-18 中可见，实际刀具移动路径与理想刀具移动路径可能会不一致，因此要注意刀具是否与工件和夹具发生干涉，对不确定是否会干涉的场合，可以考虑每轴单动；

⑤刀具快速移动速度由车床生产厂家设定。

2. 直线插补指令 G01

指令功能：刀具以进给功能 F 下编程的进给速度沿直线从起始点加工到目标点。

指令格式：

G01 X(U)_Z(W)_ F_;

其中：

X(*U*)、*Z*(*W*)——目标点坐标；

F——直线插补时进给速度，单位一般为 mm/r。

车床执行 G01 指令时，如果之前的程序段中无 F 指令，则在该程序段中必须含有 F 指令。G01 和 F 都是模态指令。

指令使用说明：

(1) G01 用于直线切削加工时必须给定刀具进给速度，且程序中只能指定一个进给速度。

(2) G01 为模态有效代码，一经使用持续有效，直到被同组 G 代码(G00、G02、G0……)取代。

(3) 如刀具空运行或退刀时用此指令则运动时间长、效率低。

例　外圆锥切削，以 G01 指令从始点切削至终点，如图 1-1-19 所示。

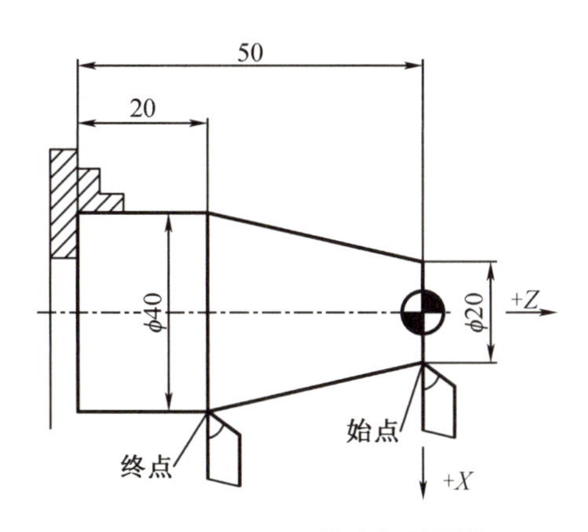

图 1-1-19　G01 指令切外圆锥

绝对指令：G01 X40.0 Z-30.0 F0.4;

增量指令：G01 U20.0 W-30.0 F0.4;

或采用混合坐标系编程：G01 X40.0 W-30.0 F0.4;

【任务实施】

一、工具材料领用及准备

工具材料及工作准备如表 1-1-5 所示。

表 1-1-5　工具材料及工作准备

1. 工具/设备/材料				
类别	名称	规格型号	单位	数量
工具	卡盘扳手		把	1
	刀架扳手		把	1
	加力杆		把	1
	内六角扳手		套	1
	活动扳手		把	1
	垫片		片	若干
量具	钢直尺	0~300 mm	把	1
	游标卡尺	0~200 mm	把	1
刀具	90°外圆车刀		把	1
	切断刀	3 mm	把	1
耗材	棒料			按图样
2. 工作准备				
(1)技术资料:工作任务卡 1 份、教材、FANUC 系统数控操作说明书				
(2)工作场地:有良好的照明、通风和消防设施等条件				
(3)工具、设备和材料:按“工具/设备/材料”栏目准备相关工具、设备和材料				
(4)建议分组实施教学:每 2~3 人为一组,每组准备一台数控车床。通过分组讨论完成零件的工艺分析及加工工艺方案设计,通过演示和操作训练完成零件的加工				
(5)劳动保护:穿戴劳保用品、工作服				

二、工艺分析

1. 确定装夹方案和定位基准

正确安装可以使工件在整个切削过程中始终保持正确的位置,保证工件的加工质量和生产效率。采用三爪自定心卡盘夹紧,能自动定心,工件伸出卡盘 100~110 mm,能够保证 90 mm 车削长度,一次装夹完成粗精加工,同时便于切断刀进行切断加工。三爪自定心卡盘能自动定心,工件装夹后一般不需要找正,装夹效率高。

2. 选择刀具及切削用量

选择刀具时需要根据零件结构特征确定刀具类型。

本任务中,外圆加工需要外圆车刀,选择 90°外圆车刀。加工完毕后工件的切断要利用切断刀将零件切断,所以还应该选择一把厚度为 3 mm 的切断刀。粗车加工时选择外圆车刀,主轴转速为 600 r/min,进给量为 0. 2 mm/r;精加工时,选用同一把外圆车刀,主轴转速为 1 000 r/min,进给量为 0. 1 mm/r;工件切断选用厚度为 3 mm 的切断刀,主轴转速为 400 r/min,进给量为 0.05 mm/r。零件的材料为 45 号钢,刀具材料可选择高速钢。

零件毛坯总余量 30 mm,粗车背吃刀量为 2~2. 5 mm,精车背吃刀量为 0. 5 mm。根据零件的精度要求和工序安排确定刀具类型及切削参数,如表 1-1-6 所示。

表 1-1-6 刀具及切削参数

工步	工步内容	刀具号	刀具类型	主轴转速/(r/min)	进给量/(mm/r)	背吃刀量/mm
1	粗车外形轮廓	T01	外圆车刀	600	0.2	2~2.5
2	精车外形轮廓	T01	外圆车刀	1 000	0.1	0.5
3	切断	T02	切断刀	400	0.05	

3. 确定加工顺序及进给路线

该零件为单件生产,端面为设计基准,也是长度方向上的测量基准,选用外圆车刀进行粗、精加工外圆,工件坐标系原点在右端面圆心。加工时每一阶梯分两层粗加工外圆,直至留余量给精加工,精加工同时加工各倒角。外圆加工完毕后,刀架回到安全位置后换切断刀,在保证长度的情况下进行切断。掉头装夹保证总长,从而完成零件加工。

4. 坐标点计算

在手工编程时,坐标值计算要根据图样尺寸和设定的编程原点,按确定的加工路线,对刀尖从加工开始到结束过程中每条运动轨迹的起点或终点的坐标数值进行仔细计算。

数控车床车削回转体类零件,一般以直径方式表示 X 坐标值,即采用直径值编程比较方便。对于较简单的零件不需要做特别的数据处理,一般可在编程过程中确定各点坐标值。编程时,当图纸加工精度要求较高时,不能完全按照基本尺寸进行编程,应该取极限最大值和极限最小值的平均值。例如,本任务中的 $\phi20_{-0.2}^{-0.1}$,这一直径尺寸编程时可取 19.85 mm。

5. 确定编程路线及过程

(1)毛坯尺寸 ϕ50 mm×140 mm,毛坯粗车时,毛坯总余量 30 mm,分层粗加工三个台阶外圆面,径向留精车余量 0.5 mm。精加工时,每一段台阶轴均采用先倒角再进行外表面精加工的方式,经过两次精加工保证外圆尺寸及各阶梯轴长度尺寸,完成后进行切断。

(2)平端面保证总长:在端面余量不大的情况下,一般采用自外向内的切削路线,注意刀尖中心与轴线等高,避免崩刀尖,要过轴线以免留下尖角。启用车床恒线速度功能保证端面的表面质量。

参考进给路线如图 1-1-20 所示。

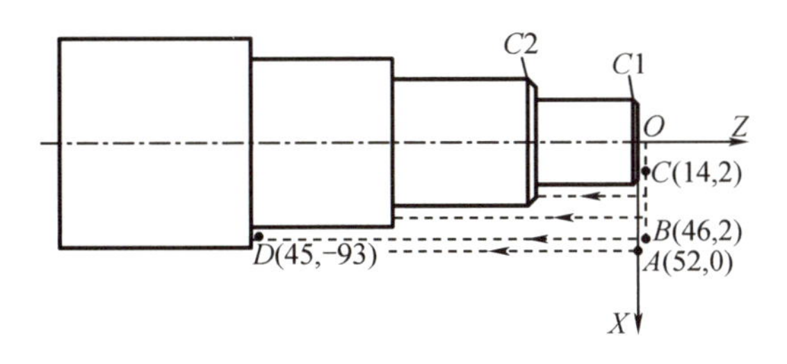

图 1-1-20 阶梯轴车削加工进给路线

刀具从起点快速移动至 A 点→车端面→退刀至 B 点→粗车外圆至 ϕ46 mm,长 95 mm→退刀→粗车外圆至 ϕ41 mm→退刀→粗车外圆至 ϕ36 mm,长 60 mm→退刀→粗车

外圆至 ϕ31 mm→退刀→粗车外圆至 ϕ26 mm，长 25 mm→退刀→粗车外圆至 ϕ21 mm→退刀→快速定位到 C 点→精车倒角和各外圆至要求尺寸→刀具返回到换刀点→换 2 号切断刀→快速定位至 D 点→切断→刀具返回到换刀点→程序结束。

三、编程

加工程序单如表 1-1-7 所示。

表 1-1-7　加工程序单

程序内容	说明
O0001;	主程序名
G97 G99 M03 S600;	取消恒线速，设定每转进给，设主轴正转 600 r/min
T0101;	选取 1 号刀具
M08;	打开切削液
G00 X52.0 Z0.1;	快速定位
G01 X0.0 F0.1;	车端面
Z2.0;	离开端面
G00 X46.0;	粗车 ϕ40 mm 外圆（分两次加工）
G01 Z-95.0 F0.2;	第一次，车至 ϕ46 mm
X52.0;	X 向退刀
G00 Z2.0;	Z 向退刀
X41.0;	
G01 Z-95.0;	第二次，车至 ϕ41 mm（留 1 mm 精车余量）
X52.0;	X 向退刀
G00 Z2.0;	Z 向退刀
X36.0;	粗车 ϕ30 mm 外圆（分两次加工）
G01 Z-60.0;	第一次，车至 ϕ36 mm
X45.0;	X 向退刀
G00 Z2.0;	Z 向退刀
X31.0;	
G01 Z-60.0;	第二次，车至 ϕ31 mm（留 1 mm 精车余量）
X45.0;	X 向退刀
G00 Z2.0;	Z 向退刀
X26.0;	粗车 ϕ20 mm 外圆（分两次加工）
G01 Z-25.0;	第一次，车至 ϕ26 mm
X35.0;	X 向退刀
G00 Z3.0;	Z 向退刀
X21.0;	
G01 Z-25.0;	第二次，车至 ϕ21 mm（留 1 mm 精车余量）
X35.0;	X 向退刀
G00 Z2.0;	Z 向退刀
X14.0;	快速定位至 $C1$ 倒角延长线处

表 1-1-7(续)

程序内容	说明
S1000;	设主轴正转 1 000 r/min,准备精加工
G01 X20.0 Z-2.0 F0.1;	倒 $C1$ 角
G00 Z2.0;	
X19.85;	快速定位
G01 Z-25.0 F0.1;	精车 ϕ20 mm 外圆至要求尺寸
X26.0;	至 $C2$ 倒角延长线处
X32.0 Z-28.0;	倒 $C2$ 角
G00 Z-20.0;	
X 29.95;	快速定位
G01 Z-60.0 F0.1;	精车 ϕ30 mm 外圆至要求尺寸
X40.0;	
Z-95.0;	精车 ϕ40 mm 外圆至要求尺寸
X52.0;	退刀
G00 X100.0 Z100.0;	返回换刀点
T0202 S400;	换 2 号切断刀,主轴正转 400 r/min
G00 X45.0 Z-94.0;	快速定位至切断处
G01 X0.0 F0.05;	切断(长度留 1 mm 加工余量)
G00 X45.0;	退刀
G00 X100.0 Z100.0;	返回换刀点
M05;	主轴停转
M30;	程序结束并返回

切断后,掉头装夹台阶面,平端面,倒角,保证总长尺寸,此过程可手动操作完成。

四、加工

加工前准备工作:①确保机床开启后回过参考点;②检查机床的快速修调倍率和进给修调倍率,一般快速修调倍率在 20%以下,进给修调倍率在 50%以下,以防止速度过快导致撞刀。

加工时如果不确定对刀是否正确,可采用单段加工的方式进行。在确定每把刀具在所建立的坐标系中第一个点正确后,可自动加工。编程时也可采用外轮廓加工循环指令,在轮廓循环第一次走刀时应该将速度调慢,以确定加工到工件最左端时不会车到卡爪。

执行工作计划表如表 1-1-8 所示。

表 1-1-8　执行工作计划表

序号	操作流程	工作内容	学习问题反馈
1	开机检查	检查机床→开机→低速热机→回机床参考点	
2	工件装夹	自定心卡盘夹住棒料一头,注意伸出长度	

表 1-1-8(续)

序号	操作流程	工作内容	学习问题反馈
3	刀具安装	依次安装外圆车刀、切断刀	
4	对刀操作	采用试切法对刀。为保证零件的加工精度，建议将精加工刀具作为基准刀	
5	程序传输	将编写好的加工程序通过传输软件上传到数控系统	
6	程序检验	锁住机床，调出所需加工程序，在“图形检验”功能下，实现零件加工刀具运动轨迹的检验	
7	零件加工	运行程序，完成零件加工。选择单步运行，结合程序观察走刀路线和加工过程。粗车后，测量工件尺寸，针对加工误差进行适当补偿	
8	零件检测	用量具检测加工完成的零件	

五、检测

加工完成后对零件的尺寸精度和表面质量做相应的检测，如有误差则分析其原因，避免下次加工再出现类似情况。

中间转轴零件检测报告单如表 1-1-9 所示。

表 1-1-9　中间转轴零件检测报告单

序号	检测项目	检测内容	检测结果
1	外轮廓尺寸	ϕ40(0/-0.2)	
2		ϕ30(0/-0.1)	
3	长度尺寸	25±0.05	
4		90±0.1	
5	其他	表面粗糙度	
6		锐角倒钝	
7		去毛刺	

【任务拓展】

1. 加工图 1-1-21 所示阶梯轴零件，材料为 45 号钢，材料规格为 ϕ40 mm×65 mm。要求：分析零件加工工艺，编制加工程序，并完成该零件加工。

2. 加工图 1-1-22 所示阶梯轴零件，材料为 45 号钢，材料规格为 ϕ40 mm×107 mm。要求：分析零件加工工艺，编制加工程序，并完成该零件加工。

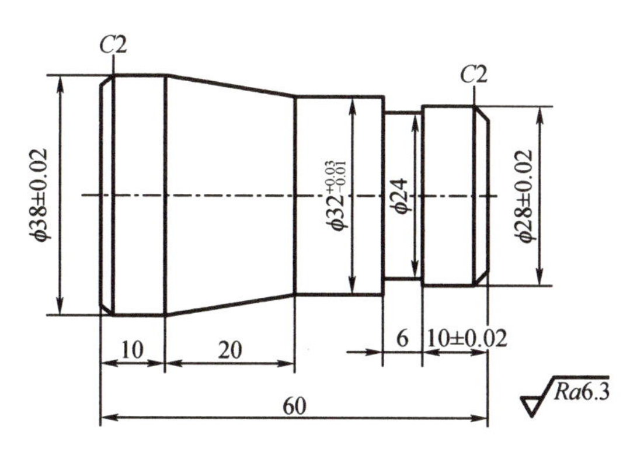

图 1-1-21　阶梯轴零件 1

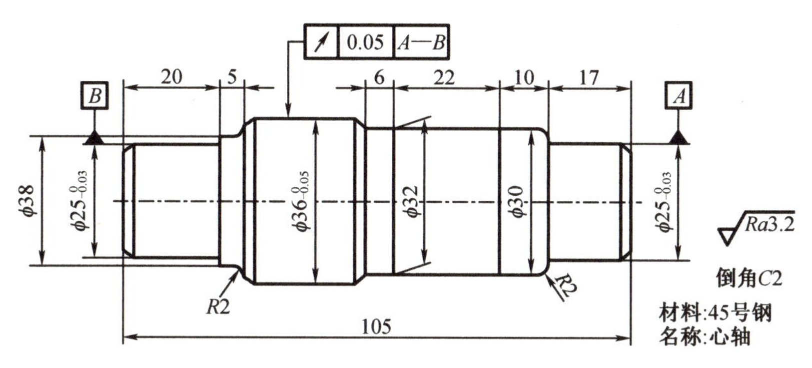

图 1-1-22　阶梯轴零件 2

【实训报告】

一、实训任务书

课程名称	数控加工综合实训		项目 1	数控车削加工实训
任务 1	中间转轴零件数控车削加工		建议学时	4
班级		学生姓名	工作日期	
实训目标	1. 掌握台阶轴车削加工工艺方案的制定; 2. 掌握台阶轴零件的车削加工编程方法; 3. 掌握零件定位装夹的方法; 4. 掌握车削刀具的选择及安装方法; 5. 掌握台阶轴车削加工与检测所需工量具的选择及使用方法; 6. 严格遵守安全文明生产要求操作数控车床并加工台阶轴零件; 7. 能正确使用游标卡尺对零件进行检测			
实训内容	1. 制定中间转轴零件机械加工工艺过程卡片 会分析中间转轴零件图样,进而确定零件装夹方案、加工刀具、加工路径、切削参数,并填写机械加工工艺过程卡片。			

表(续)

实训内容	2. 编制中间转轴零件数控加工程序 掌握加工回转体外圆、端面的数控加工指令,编写中间转轴零件的数控加工程序,并保证程序的准确性、合理性。 3. 利用数控车床加工中间转轴零件 熟悉数控车床面板各按键的功能,掌握数控车床的基本操作,利用 FANUC 数控系统车床加工中间转轴零件
安全与文明生产要求	操作人员必须熟悉数控车床使用说明书等有关资料;开机前应对数控车床进行全面细致的检查,确认无误后方可操作;车床开始工作前要有预热,认真检查润滑系统工作是否正常,如车床长时间未开动,可先采用手动方式向各部分供油润滑;数控车床通电后,检查各开关、按钮和按键是否正常、灵活,车床有无异常现象;检查电压、油压是否正常
提交成果	实训报告、中间转轴零件
对学生的要求	1. 具备机械加工工艺、数控编程的基础知识; 2. 具备数控车床操作的知识; 3. 具备一定的实践动手能力、自学能力、数据计算能力、沟通协调能力、语言表达能力和团队意识; 4. 执行安全、文明生产规范,严格遵守实训车间制度和劳动纪律; 5. 着装规范(工装),不携带与生产无关的物品进入实训场地; 6. 完成“中间转轴零件数控车削加工”实训报告,并加工出中间转轴零件
考核评价	评价内容:程序及工艺评价;车床操作评价;工件质量评价;文明生产评价等。 评价方式:由学生自评(自述、评价,占 10%)、小组评价(分组讨论、评价,占 20%)、教师评价(根据学生学习态度、工作报告及现场抽查知识或技能进行评价,占 70%)构成该同学该任务成绩

二、实训准备工作

<table>
<tr><td>课程名称</td><td colspan="3">数控加工综合实训</td><td>项目 1</td><td>数控车削加工实训</td></tr>
<tr><td>任务 1</td><td colspan="3">中间转轴零件数控车削加工</td><td>建议学时</td><td>4</td></tr>
<tr><td>班级</td><td></td><td>学生姓名</td><td></td><td>工作日期</td><td></td></tr>
<tr><td>场地准备描述</td><td colspan="5"></td></tr>
<tr><td>设备准备描述</td><td colspan="5"></td></tr>
<tr><td>刀、夹、量、工具准备描述</td><td colspan="5"></td></tr>
<tr><td>知识准备描述</td><td colspan="5"></td></tr>
</table>

三、实训记录

1. 中间转轴零件机械加工工艺过程卡

产品名称及型号			零件名称			零件图号			
材料	名称	45 号钢	毛坯	种类	棒料	零件质量/kg	毛重		共 1 页
	牌号			尺寸	ϕ50 mm×140 mm		净重		第 1 页
	性能				每台件数		每批件数		

工序	工步	工序内容	同时加工零件数	切削用量			设备名称及编号	工艺装备名称及编号			技术等级	工时额定	
				背吃刀量/mm	切削速度/(mm/min)	主轴转速/(r/min)		夹具	刀具	量具		单件	准备—终结

抄写		校对		审核		批准	

2. 零件加工程序单

程序内容	程序说明

3. 任务实施情况分析单

任务实施过程	存在的问题	解决的办法
机床操作		
加工程序		
加工工艺		
加工质量		
安全文明生产		

四、考核评价表

考核项目	技术要求	分值	学生自评（10%）	小组评分（20%）	教师评分（70%）	实得分
程序及工艺（15%）	程序正确完整	5				
	切削用量合理	5				
	工艺过程规范合理	5				
机床操作（20%）	刀具选择安装正确	5				
	对刀及工件坐标系设定正确	5				
	机床操作规范	5				
	工件加工正确	5				
工件质量（40%）	尺寸精度符合要求	30				
	表面粗糙度符合要求	8				
	无毛刺	2				
文明生产（15%）	安全操作	5				
	机床维护与保养	5				
	工作场所整理	5				
相关知识及职业能力（10%）	数控加工基础知识	2				
	自学能力	2				
	表达沟通能力	2				
	合作能力	2				
	创新能力	2				
总分		100				

任务2　循环泵螺纹轴零件数控车削加工

【任务描述】

本任务介绍在数控车床上，采用三爪自定心卡盘对任务2的零件装夹定位，用外圆车刀、切断（槽）刀、外螺纹刀加工图1-2-1所示的带有外螺纹的轴类零件。能熟练掌握带有外螺纹的轴类零件加工工艺编制、程序编写及数控车削加工全过程，并对加工后的零件进行检测、评价。

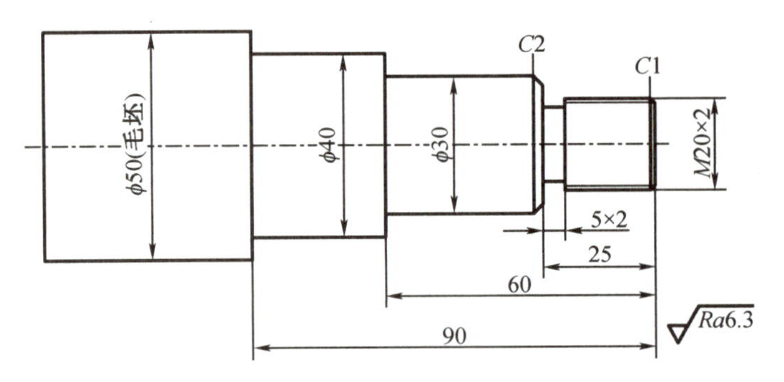

图 1-2-1　循环泵螺纹轴零件

【任务分析】

循环泵螺纹轴零件为带有外螺纹的轴类零件,材料为 45 号钢,其零件的外形上增加了一个外螺纹退刀槽及一个外螺纹,零件无热处理和硬度要求,单件生产。该零件外形较简单,重点加工部分为右端的外螺纹退刀槽及外螺纹。

【相关知识】

数控车床是一种自动化程度高、结构复杂、价格昂贵的加工设备。为保障人身和设备安全,数控车床的操作者必须要做到文明生产,严格遵守数控车床的安全操作规程,同时还需要对数控车床进行定期的维护和保养,以降低故障率,提高数控车床的利用效率。

一、文明生产和安全操作技术

1. 文明生产

(1)学生进入实训场地时必须穿好工作服,并扎紧袖口,女生须戴好工作帽。

(2)不允许穿凉鞋和高跟鞋进入实训场地。

(3)严禁戴手套操作数控车床。

(4)加工硬脆工件或高速切削时,须戴防护镜。

(5)学生必须熟悉数控车床性能,掌握操作面板的功用,否则不得动用车床。

(6)不要移动或损坏安装在车床上的警告标牌。

(7)不要在车床周围放置障碍物,工作空间应足够大。

(8)某一项工作如需要两人或多人共同完成时,应注意相互间的配合,如装卸卡盘或装夹重工件时,要有人协助,且床面上必须垫木板。

(9)不得任意拆卸和移动车床上的保险和安全防护装置。

(10)严禁在卡盘上、顶尖间用敲打的方法进行工件的校直和修正工作。

(11)工件、刀具和夹具都必须装夹牢固,才能切削加工。

(12)未经许可,禁止打开电器箱。

(13)车床加工运行前,必须关好车床防护门。

(14)工件转动过程中,不准手摸工件,或用棉丝擦拭工件,不准用手去清除切屑,不准用手强行刹车。

(15)严格遵守数控车床的安全操作规程,熟悉数控车床的操作顺序。

(16)保持数控车床周围的环境整洁,定期打扫和保养。

2. 安全操作技术

(1)开机前的准备工作

①启动数控车床前,要熟悉数控车床的性能、结构、传动原理、操作顺序及紧急停机方法。

②检查润滑油和齿轮箱内的油量情况。

③检查紧固螺钉,不得松动。

④经常清扫车床周围场地,车床和控制部分应保持清洁,不得取下罩盖开动车床。

⑤校正刀具,并达到使用要求。

(2)调试程序准备加工运行时的注意事项

①使用正确的刀具,严格检查车床原点,刀具参数是否正常。

②确认运转程序和加工顺序是否一致。

③不得承担超出车床加工能力的作业。

④在停机时进行刀具调整,确认刀具在换刀过程中不会和其他部位发生碰撞。

⑤确认工件的夹具是否有足够的强度。

⑥程序调整好后,要再次检查,确认无误后方可开始加工。

(3)工件加工过程中的注意事项

①车床启动后,在车床自动连续运转前,必须监视其运行状态。

②确认切削液输出流畅、充足。

③车床运转时,应关闭防护罩,不得调整刀具和测量工件尺寸,不得靠近旋转的刀具和工件。

④停机后除去工件或刀具上的切屑。

(4)工作完成后的注意事项

①清除切屑,擦净车床。

②涂防锈油润滑车床。

③关闭系统和电源。

二、数控车床操作规程

为了正确合理地使用数控车床,保证车床正常运转,必须制定比较完整的数控车床操作规程,通常应当做到以下几点。

1. 车床状态检查

(1)车床通电后,检查各开关按钮和按键是否正常、灵活,车床有无异常现象。

(2)检查电压、气压、油压是否正常,有手动润滑的部位先要进行手动润滑。

(3)各坐标轴手动回零(车床参考点),若某轴在回零前已在零位,必须先将该轴移动到离零点有效距离内,再进行手动回零点。

(4)在进行零件加工时,工作台上不能有工具或任何异物。

(5)车床空运转达 15 min 以上,使车床达到热平衡状态。

2. 加工前检查

(1)正确测量和计算工件坐标系,并对所得结果进行验证和验算。

(2)将工件坐标系输入偏置页面,并对所得结果进行验证和验算。

(3)刀具补偿值(刀长、半径)输入偏置页面后,要对刀补号、补偿值、正负号、小数点进行认真核对。

(4)程序输入后,应认真校对,保证无误,包括对代码、指令地址、数值正负号、小数点及语法的查对。

(5)未装工件以前,空运行一次程序,看程序能否顺利执行,刀具长度选取和夹具安装是否合理,有无超程现象。

(6)按工艺规程安装找正夹具。

(7)装夹工件,注意卡盘是否妨碍刀具运动,检查零件毛坯的尺寸是否超长。

(8)检查各刀头的安装方向是否合乎程序要求。

(9)查看刀杆前后部位的形状和尺寸是否合乎加工工艺要求,能否碰撞工件或夹具。

(10)镗刀头尾部露出刀杆直径部分,必须小于刀尖露出刀杆直径部分。

(11)检查每把刀柄在主轴孔中是否都能拉紧。

(12)无论是首次加工的零件,还是周期性重复加工的零件,首次加工都必须对照图样工艺、程序和刀具调整卡进行逐段程序的试切。

(13)单段试切时快速倍率开关必须调到最低挡。

(14)每把刀首次使用时,必须先验证它的实际长度与所给刀补值是否相符。

3. 加工过程中的检查

(1)在程序运行中,要重点观察数控系统上的几种显示。

坐标显示:可了解目前刀具运动点在车床坐标及工件坐标系中的位置,了解程序段落的位移量,还剩余多少位移量等。

工作寄存器和缓冲寄存器显示:可看出正在执行程序段各状态指令和下一个程序段的内容。

主程序和子程序:可了解正在执行程序段的具体内容。

(2)试切进刀时,在刀具运行至工件表面 30~50 mm 处,必须在进给保持下,验证 Z 轴剩余坐标值和 X、Y 轴坐标值与图样是否一致。

(3)对一些有试刀要求的刀具,采用"渐进"的方法,如镗孔,可先试镗一小段长度,检测合格后,再镗到整个长度。使用刀具半径补偿功能的刀具数据,可由小到大,边试边修改。

(4)试切和加工中,刃磨刀具和更换刀具后,一定要重新对刀并修改好刀补值和刀补号。

(5)程序检索时,应注意光标所指位置是否合理、准确,并观察刀具与车床运动方向坐标是否正确。

(6)程序修改后,对修改部分一定要仔细计算和认真核对。

(7)点动进给和手动连续进给操作时,必须检查各种开关所选择的位置是否正确,弄清正负方向,认准按键,然后再进行操作。

4. 加工后注意事项

(1)整批零件加工完成后,应核对刀具号、刀补值,使程序、偏置页面、调整卡及工艺中的刀具号、刀补值完全一致。

(2)从刀台上卸下刀具,按调整卡或程序清理编号入库。

(3)卸下夹具,某些夹具应记录安装位置及方向,并做记录、存档。

(4)清扫车床。

(5)将各坐标轴停在参考点位置。

(6)将所有量具、工具放置于原位置。

(7)工作完成后,打扫环境卫生,保持清洁状态。

三、单一固定循环指令

1. 内外径切削循环指令 G90

指令功能:内外径圆柱面、圆锥面切削循环。

指令格式:

G90 X(U)_Z(W)_R_F_;

其中:

X(*U*)、*Z*(*W*)——目标点坐标值;

R——切削始点与圆锥的切削终点的半径值;

F——切削进给速度。

(1)圆柱面切削循环

刀具从循环起点(即刀具起点)开始按矩形循环,最后又返回到循环起点。图 1-2-2 中 1(R)、4(R)表示快速移动,2(F)、3(F)表示按指定的工件的切削进给速度移动。*X*(*U*)、*Z*(*W*)取值为圆柱面切削终点(即 *C* 点),*B* 点则为切削起点。

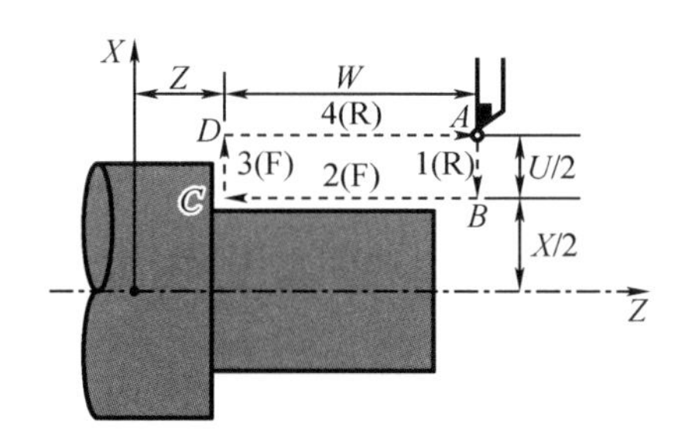

R—快速移动;F—由 F 代码指定。

图 1-2-2　圆柱面切削循环进给路线

指令使用说明:

①加工外圆的走刀路线分四步:1(*X* 进)→2(*Z* 切削)→3(*X* 退)→4(*Z* 返回)。

②刀具定位点(即 G90 指令的刀具起点)的确定:切削外圆时,刀具定位点一般要定在大于或等于被加工工件的直径处。

③每次进刀量和进刀方向是由 G90 指令中的 *X* 值(切削终点) 减去 G90 指令刀具起点的 *X* 值(循环起点)来确定的;切削长度由 G90 指令中的 *Z* 值确定。每切削一刀就用一次 G90 指令,那么要完成粗加工,要数次 G90 指令(改变 G90 中的 *X* 值)组成一个加工循环,所以 G90 指令也就是“单一固定循环”。

④刀具切削完毕返回到 G90 指令的刀具起点。

例　运用切削循环指令 G90 加工阶梯轴,如图 1-2-3 所示。

G00 X32.0 Z 2.0;	快速定位
G90 X28.0 Z-32.0 F0.1;	使用 G90 指令车削 ϕ28 mm
X 24.0 Z-20.0;	车削 ϕ22 mm 台阶,分两次加工
X 22.0;	

```
X 18.0 Z-10.0;                         车削 φ14 mm 台阶,分两次加工
X 14.0;
G00 X100.0 Z100.0;                     退刀
```

注:每次执行完 G90 指令,刀具返回(X32,Z2)的位置。

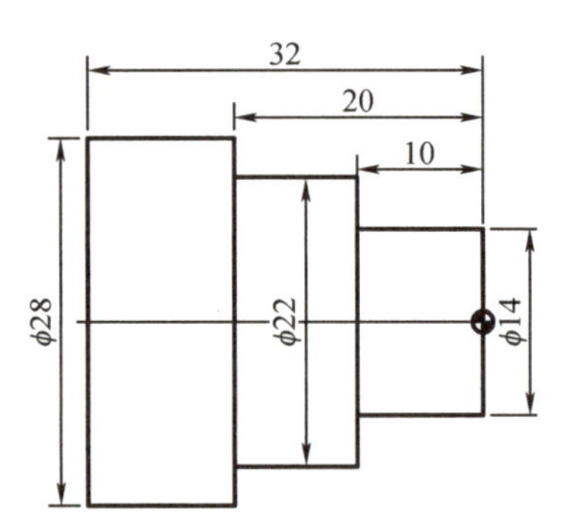

图 1-2-3　阶梯轴

(2)圆锥面切削循环

刀具从循环起点(即刀具起点)开始按梯形循环,最后又返回到循环起点。图 1-2-4 中 1(R)、4(R)表示快速移动,2(F)、3(F)表示按指定的工件的切削进给速度移动。*X*(*U*)、*Z*(*W*)取值为圆柱面切削终点(即 *C* 点),*B* 点则为切削起点。

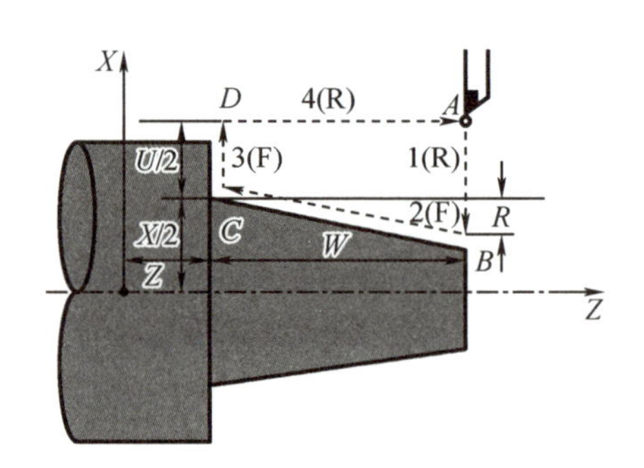

R—快速移动;F—由 F 代码指定。

图 1-2-4　圆锥面切削循环进给路线

G90 指令分层加工斜面方法:

①切削终点不变,改变 *R* 值来分层。

例　改变 *R* 值加工斜面,如图 1-2-5 所示。

由图 1-2-5 得知:加工锥度要切削 10 mm 的距离,用 G90 指令加工将分三层切削,第一、二层 4 mm,第三层 2 mm;用三个 G90 指令进行加工,*R* 为半径值。编程时 *R* 的取值为-2,-4,-5 三个值。

```
G00 X52.0 Z2.0;                        定位到毛坯料外侧
G90 X50.0 Z-30.0 R-2.0 F0.1;           G90 指令加工斜面第一次起点 X46
R-4.0;                                 斜面第二次起点 X42
R-5.0;                                 斜面第三次起点 X40
G00 X100.0 Z100.0;                     退刀
```

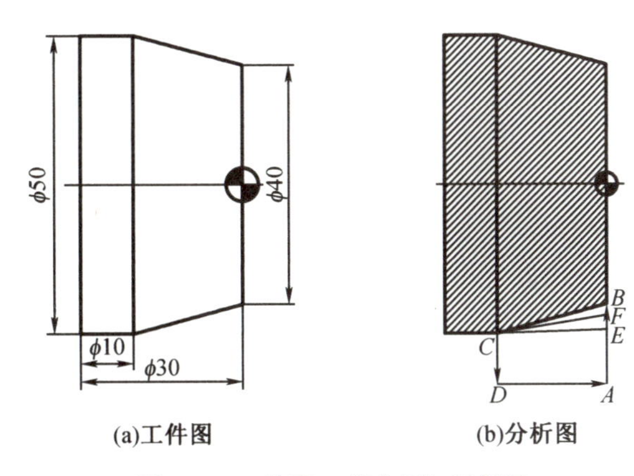

图 1-2-5　改变 *R* 值分层加工斜面

注意事项：

a. G90 指令执行完刀具停在(X52,Z2)的位置；切削时 *R* 值在变化，切削直径每次减小量为 4 mm、4 mm、2 mm。

b. 定位时刀具 *Z* 轴没有定位到斜面起点 *Z* 轴坐标，所以斜面只是进行了粗加工。

c. 刀具定位在 Z0 的位置，由分析图可知：*B* 点为切削起点，*C* 点为切削终点，那么总的 $R=(40-50)\div2=-5$ *mm*。斜面尺寸完全加工。

②G90 指令中的 *R*、*Z* 不变，通过改变切削终点的 *X* 值来分层加工。

例　改变 *X* 值加工斜面，如图 1-2-6 所示。

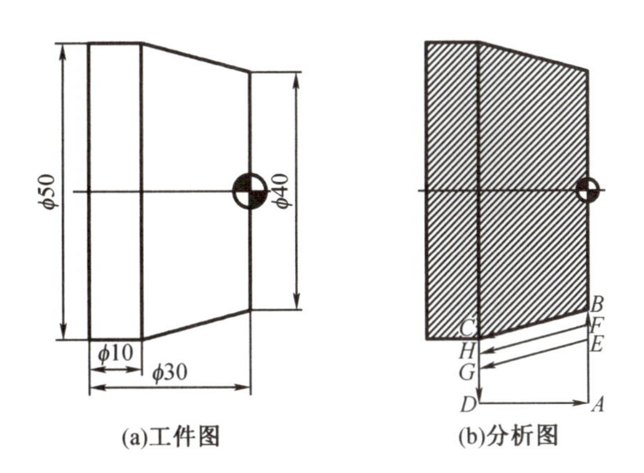

图 1-2-6　改变切削终点的 *X* 值分层加工斜面

由图 1-2-6 可知：加工锥度要切削 10 mm 的距离，用 G90 指令加工将分三层切削，第一、二层 4 mm，第三层 2 mm；*R* 起点与终点半径差-5 mm。

终点 *X* 分别为：φ56、φ52、φ50。

G00 X52.0 Z0.0;	定位到毛坯料外侧
G90 X56.0 Z-30.0 R-5.0 F0.1;	G90 指令加工斜面第一次终点 X56
X52.0;	斜面第二次终点 X52
X50.0;	斜面第三次终点 X50
G00 X100.0 Z100.0;	退刀

注意事项：

a. G90 指令执行完刀具停在(X52,Z0)的位置。

b. 刀具定位在 Z0 的位置,由分析图可知:B 点为切削起点,C 点为切削终点,那么总的 $R=(40-50)/2=-5$ mm。

2. 端面切削循环指令 G94

指令功能:端面车削一次固定循环。

指令格式：

G94 X(U)_Z(W)_ F_;

其中：

$X(U)$、$Z(W)$——目标点坐标;

F——直线插补时的进给速度。

刀具从循环起点(即刀具起点)开始按矩形循环,最后又返回到循环起点。图 1-2-7 中 1(R)、4(R)表示快速移动,2(F)、3(F)表示按指定的工件的切削进给速度移动。$X(U)$、$Z(W)$取值为圆柱面切削终点(即 C 点),B 点则为切削起点。

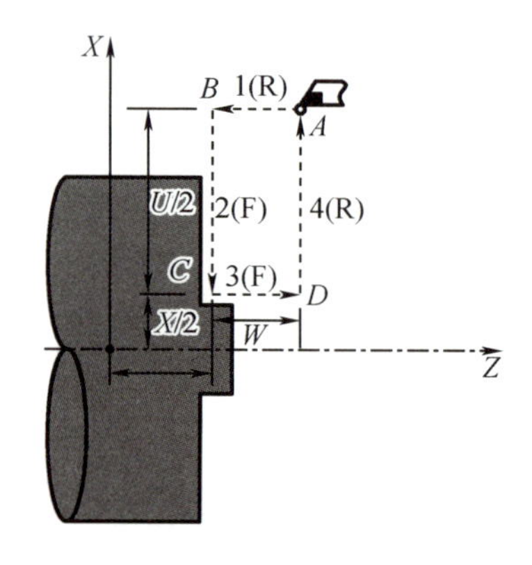

R—快速移动;F—由 F 代码指定。

图 1-2-7　端面切削循环进给路线

指令使用说明：

①加工端面的走刀路线分四步:1(Z 进)→2(X 切削)→3(Z 退)→4(X 返回)。

②刀具定位点(即 G94 指令的刀具起点)的确定:切削端面时,刀具定位点一般要定在大于或等于被加工工件的直径处。

③每次进刀量和进刀方向是由 G94 指令中的 Z 值(切削终点)减去 G94 指令刀具起点的 Z 值(循环起点)来确定的;每次进刀量不能大于切断刀刀宽。切削深度由 G94 指令中的 X 值确定。每切削一刀就用一次 G94 指令,要完成粗加工,就需要数次 G94 指令(改变 G94 指令中的 Z 值)组成一个加工循环,所以 G94 指令也就是“单一固定循环”。

④刀具切削完毕返回到 G94 指令的刀具起点。

例　用 G94 指令粗车 $\phi30$ mm 圆柱面,共分三刀切削,如图 1-2-8 所示。

由图 1-2-8 得知:加工 $\phi30$ mm 的外圆要切削 7 mm 的长度距离,用 G94 指令加工将分三层切削,第一层 1 mm,第二、三层 2.5 mm;用三个 G94 指令进行粗加工。

```
G00 X52.0 Z2.0;              快速定位
G94 X30.0 Z-1.0 F0.1;        G94 指令圆柱面第一次加工
Z-3.5;                       第二次加工
Z-7.0;                       第三次加工
G00 X100.0 Z100.0;           退刀
```

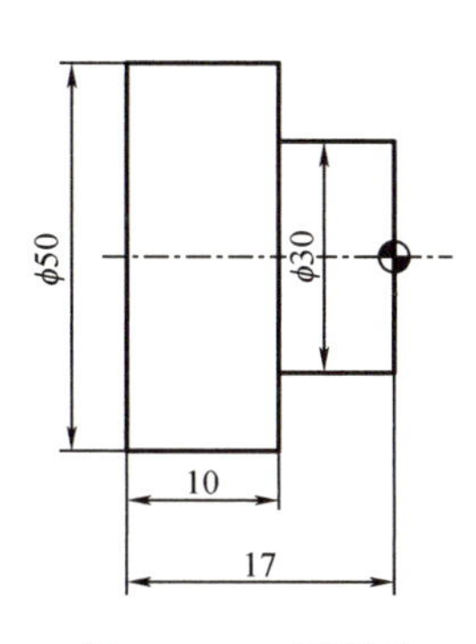

图 1-2-8　平端面

注意事项：

①G94 指令每次执行完刀具返回(X50,Z1)的位置，第二、三层的进刀量为 3.5 mm、7 mm，但实际切削是 2.5 mm。

②G94 指令一般采用切断刀加工，*Z* 轴每次的移动量应小于切断刀刀宽。

③*Z* 为正值表示向 *Z* 轴正方向偏移加工，*Z* 为负值表示向 *Z* 轴负方向偏移加工。

若用 G94 指令来平端面，因刀尖圆弧半径的影响，为保证端面平整，一般应过端面中心一点将 *X* 值设为-1.0。

四、复合固定循环指令

该功能根据提供的精加工形状的信息，自动执行粗加工的过程，简化程序编制。

1. 粗加工复合循环指令 G71

该指令只须指定精加工路线，系统会自动给出粗加工路线，适于车削圆棒料毛坯。刀具沿 *Z* 轴多次循环切削，最后按留有精加工余量 ΔW 和 $\Delta U/2$ 之后的精加工形状进行加工。如图 1-2-9 所示。

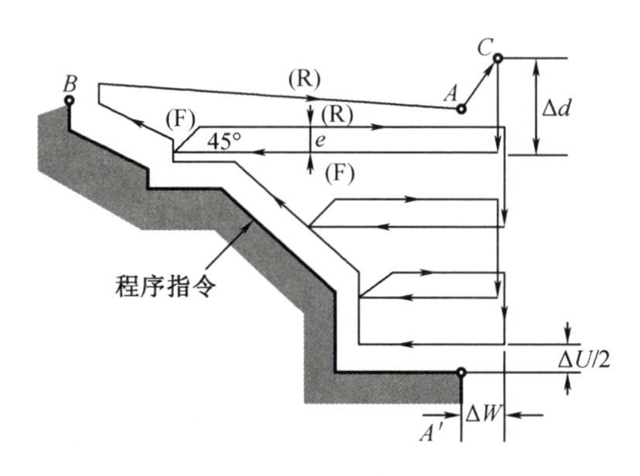

F—切削进给；R—快速移动。

图 1-2-9　G71 指令粗车循环路径

指令格式：

G71 U(Δd) R(e)；

G71 P(n_s) Q(n_f) U(Δu) W(Δw) F(f) S(s) T(t)；

其中：

Δd——粗加工每次车削的深度(半径量)；

e——粗加工每次车削循环的 X 向退刀量；

n_s——精加工程序第一个程序段的顺序号；

n_f——精加工程序最后一个程序段的顺序号；

Δu——X 向精加工余量(直径量)；

Δw——Z 向精加工余量。

在 G71 循环中，顺序号 $n_s \sim n_f$ 之间程序段中的 F、S、T 功能都无效，全部忽略，仅在有 G71 指令的程序段中有效。Δd、Δu 都用同一地址 U 指令，二者根据程序段有无指定的 P、Q 有所区别。循环动作由 P、Q 指定的 G71 指令进行。

注意事项：

①G71 指令精加工程序段的第一句只能写 X 值，不能写 Z 值或将 X、Z 值同时写入。

②该循环的起始点位于毛坯外径处。

③该指令不能切削凹进形的轮廓。

2. 精加工复合循环指令 G70

执行 G71 等粗加工循环指令以后的精加工循环，在 G70 指令程序段内要指定精加工程序第一个程序的顺序号和精加工程序最后一个程序段的顺序号。

指令格式：

G70 P(n_s)Q(n_f)；

其中：

n_s——精加工程序第一个程序段的顺序号；

n_f——精加工程序最后一个程序段的顺序号。

刀具从起点位置沿着 $n_s \sim n_f$ 程序段给出的轨迹进行精加工。

五、切槽加工工艺

切槽加工时会用到暂停指令 G04。

指令功能：该指令可使刀具做短时间的无进给光整加工，常用于车槽、镗平面、锪孔等场合。如图 1-2-10 所示。

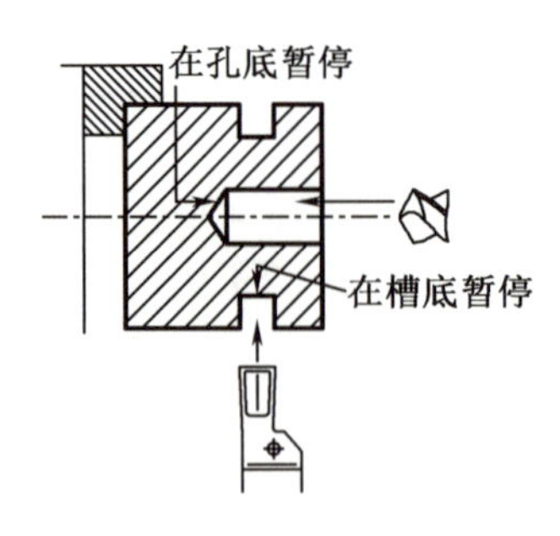

图 1-2-10　G04 暂停指令

指令格式：

G04 P_；或 G04 X_；或 G04 U_；

其中：

P——时间或主轴转数的指定(不能用小数点)；

X——时间或主轴转数的指定(可以用小数点)；

U——时间或主轴转数的指定(可以用小数点)。

1. 窄槽的加工

加工低精度窄槽时,选择刀头宽度等于沟槽宽度的切槽刀,用 G01 指令走进切削,再用 G01 指令退刀;加工高精度窄槽时,G01 指令进刀后,在槽底停留一段时间,光整槽底,再用 G01 指令退刀。

2. 宽槽的加工

加工宽槽时分几次进刀,每次车削轨迹要有重叠部分,最后精车,如图 1-2-11 所示。

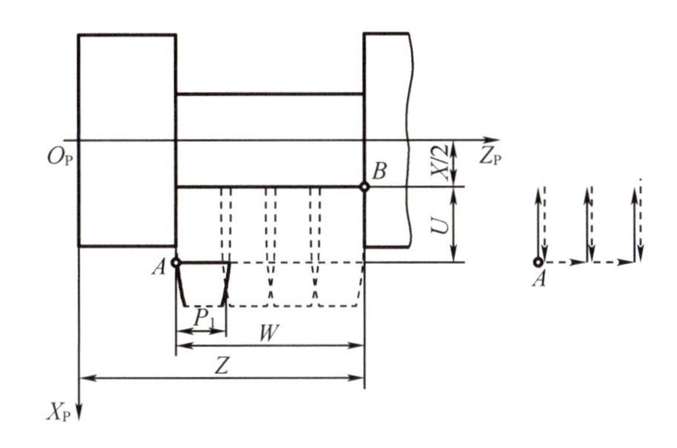

图 1-2-11　宽槽加工路线

3. 梯形槽的加工

(1)先加工中间部分,方法与普通槽加工相同。

(2)再加工两侧面,按照从外向内的方向加工,路线如图 1-2-12(a)(b)所示。

(3)最后按照 1→2→3→4→5 进刀路线,完成梯形槽的精加工,如图 1-2-12(c)所示。

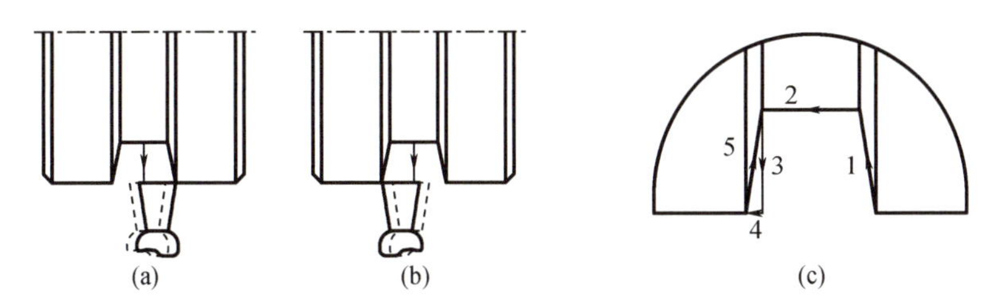

图 1-2-12　梯形槽加工路线

六、螺纹切削加工常用指令

螺纹切削功能是数控车床加工中最常用的且不可缺少的一种功能,其适用范围如图 1-2-13 所示。

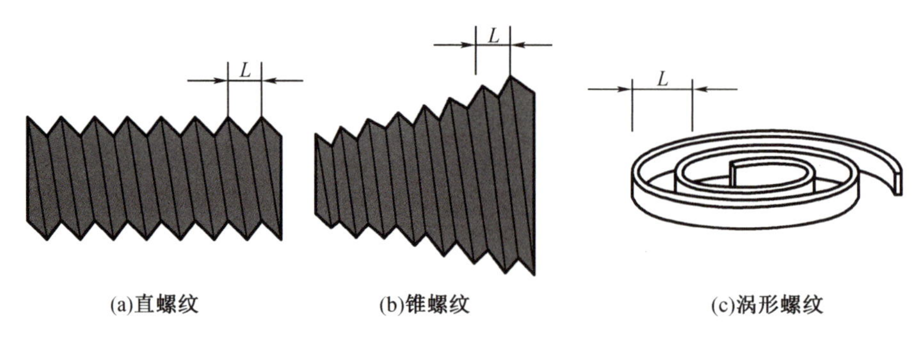

图 1-2-13　螺纹切削指令适用范围

1. 单行螺纹切削指令 G32

指令功能:该指令用于切削直螺纹、锥螺纹和涡形螺纹。

G32 指令切削循环分为四个步骤:从循环起点 *A* 开始→快速进刀到 *B* 点→从 *B* 点开始车削加工至 *C* 点→退刀至 *D* 点→快速返回循环起点 *A*,如图 1-2-14 所示。

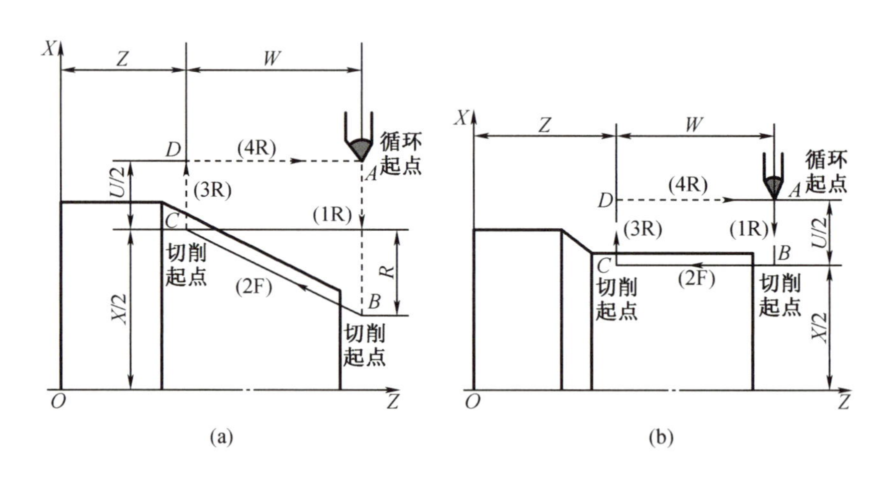

图 1-2-14　G32 指令走刀切削路线

指令格式:

G32 X(U)_ Z(W)_ F_;

直螺纹切削时,刀具的运动轨迹是一条直线,所以 *X*(*U*)为 0,故在指令中不必写出。

指令格式:

G32 Z(W)_ F_;

其中:

X(*U*)、*Z*(*W*)——螺纹终点坐标;

F——螺纹的螺距。

值得注意的是,在数控车床上车削螺纹时,沿螺距方向进给应与车床主轴的旋转保持严格的速比关系,应避免在进给机构加速或减速过程中切削。因此,要有引入距离(升速进刀段)δ_1 和超越距离(降速退刀段)δ_2,如图 1-2-15 所示。引入和超越的数值与车床拖动系统的动态特性有关,也与螺纹的螺距和螺纹的精度有关。一般引入距离 δ_1 为 2~5 mm,对大螺距和高精度的螺纹取大值;超越距离 δ_2 一般取引入距离 δ_1 的 1/4 左右。若螺纹收尾处没有退刀槽,则收尾处的形状与数控系统有关,一般按 45°退刀收尾。

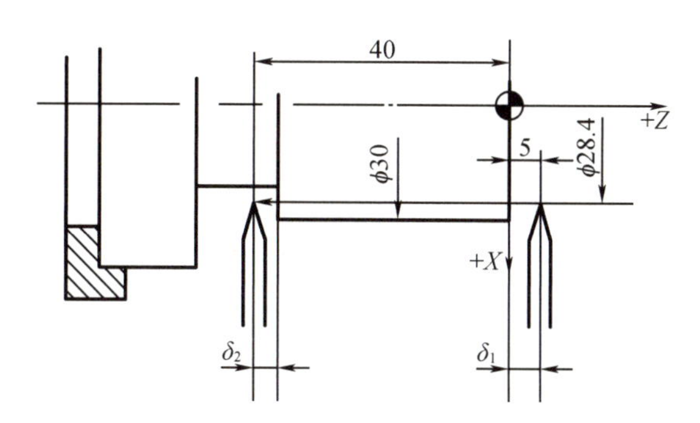

图 1-2-15　车削螺纹时的引入距离和超越距离

例　已知螺距为 4 mm, $\delta_1=3$ mm, $\delta_2=1.5$ mm, X 轴方向每刀切深 2 mm（切两次），如图 1-2-16 所示。

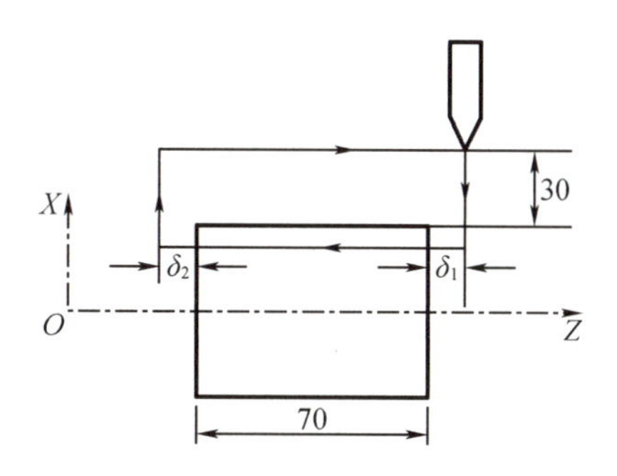

图 1-2-16　直螺纹车削

G00 U-62.0;	直径编程，增量方式
G32 W-74.5 F4;	切削直螺纹第一次
G00 U62.0;	直径方向退刀
W74.5;	轴向退刀
U-64.0;	第二次切深 2 mm
G32 W-74.5;	切削直螺纹第二次
G00 U64.0;	直径方向退刀
W74.5;	返回起刀点

例　已知螺距为 3.5 mm, $\delta_1=2$ mm, $\delta_2=1$ mm, X 轴方向每刀切深 2 mm（切两次），如图 1-2-17 所示。

G00 X12.0 Z72.0;	定位螺纹起刀点
G32 X41.0 Z29.0 F3.5;	第一次切 2 mm
G00 X50.0;	X 向退刀
Z72.0;	Z 向退刀
X10.0;	第二次切 2 mm
G32 X39.0 Z29.0;	
G00 X50.0;	
Z72.0;	

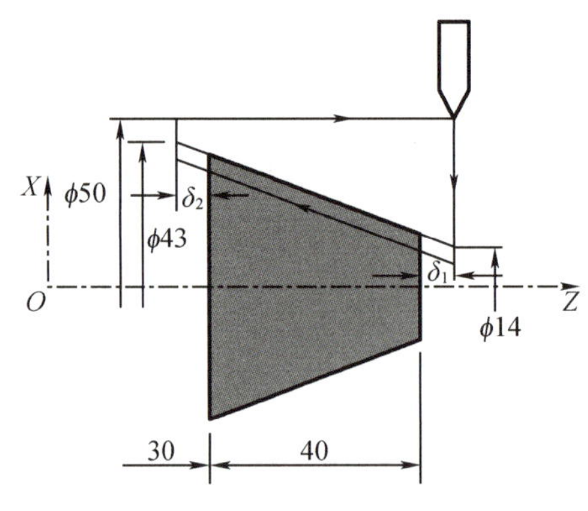

图 1-2-17　锥螺纹车削

2. 螺纹切削单次循环指令 G92

指令功能：可以切削直螺纹和锥螺纹。

直螺纹切削循环格式：

G92 X(U)_Z(W)_F_;

锥螺纹切削循环格式：

G92 X(U)_Z(W)_R_F_;

其中：

X、*Z*——绝对编程时有效螺纹终点在工件坐标系中的位置；

U、*W*——增量编程时有效螺纹终点相对于螺纹切削起点的增量；

F——螺纹导程；

R——锥螺纹起点与有效螺纹终点的半径之差。

例　在螺纹开始处自动倒角。当工件上没有退刀槽时，可以用该指令实现接近 45°的自动退刀功能，如图 1-2-18 所示。

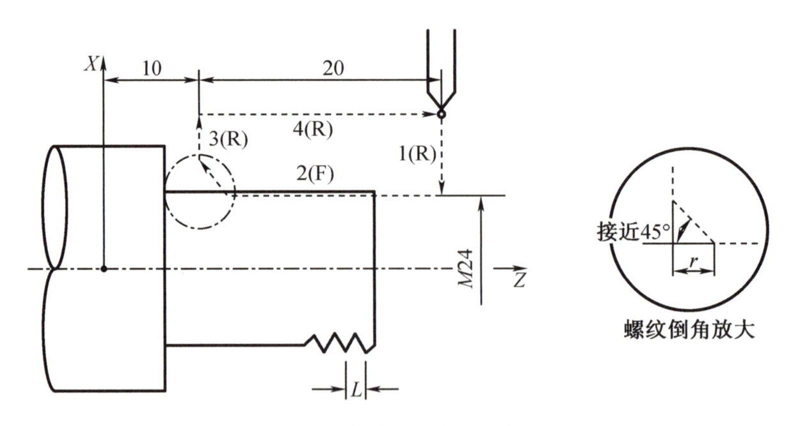

R—快速移动；F—进给速度。

图 1-2-18　G92 指令直螺纹切削循环

G00 X30.0 Z30.0;	螺纹起刀点
G92 X23.5 Z10.0 F1.5;	螺纹切削循环第一刀
X23.2;	第二刀

X23.0;　　　　第三刀
X22.9;　　　　第四刀
G00 X100.0 Z100.0;　　　　退回换刀点

注意事项:

①单程序段工作方式,必须一次次按下循环启动按钮。

②在螺纹切削期间不要按下暂停按钮,否则刀具立即按斜线回退,然后先回到 X 轴起点再回到 Z 轴起点。

例　锥螺纹螺距为 2 mm,分四刀切削,如图 1-2-19 所示。

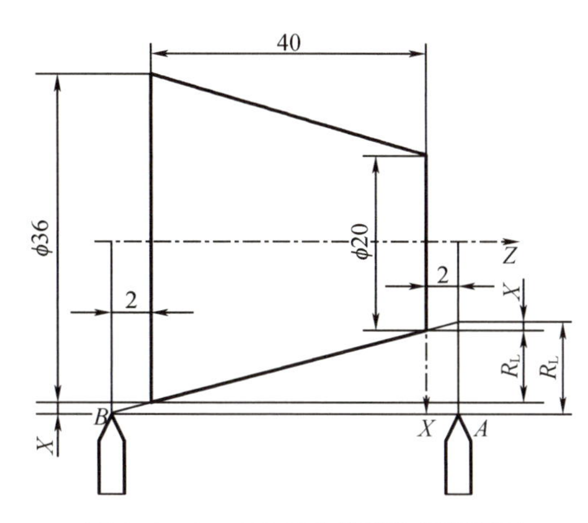

图 1-2-19　G92 指令锥螺纹切削循环

G00 X40.0 Z2.0;　　　　螺纹起刀点 A
G92 X36.15 Z-42.0 R-8.8 F2;　　　　第一刀
X35.5;　　　　第二刀
X34.85;　　　　第三刀
X34.2;　　　　第四刀

注意事项:

①螺纹锥角半径是 $R2$ 不是 $R1$,即是螺纹延长线切具起点与终点半径的差值。

计算方法为:$R2=R1+2X=8+2\times0.4=8.8$ mm;

$X=(R1\times$螺纹延伸长度$)/$螺纹长度$=(8\times2)/40=0.4$ mm。

②刀具的起点在延长线 A 点,其 X 坐标值必须大于或等于螺纹大头直径。刀具的终点在螺纹延长线 B 点。

③R 值有正、负之分,即正锥为负值,倒锥为正值。

关于加工螺纹时的每次切入深度及切入次数,请参考普通螺纹走刀次数和背吃刀量的参考表(表 1-2-1)。

表 1-2-1　普通螺纹走刀次数和背吃刀量的参考表　　(单位:mm)

螺距	1	1.5	2.0	2.5	3	3.5	4
牙深	0.649	0.974	1.299	1.624	1.949	2.273	2.598

表 1-2-1(续)

走刀次数和背吃刀量	1次	0.7	0.8	0.9	1.0	1.2	1.5	1.5
	2次	0.4	0.6	0.6	0.7	0.7	0.7	0.8
	3次	0.2	0.4	0.6	0.6	0.6	0.6	0.6
	4次	—	0.16	0.4	0.4	0.4	0.6	0.6
	5次	—	—	0.1	0.4	0.4	0.4	0.4
	6次	—	—	—	0.15	0.4	0.4	0.4
	7次	—	—	—	—	0.2	0.2	0.4
	8次	—	—	—	—	—	0.15	0.3
	9次	—	—	—	—	—	—	0.2

【任务实施】

一、工具材料领用及准备

工具材料及工作准备如表 1-2-2 所示。

表 1-2-2　工具材料及工作准备

1. 工具/设备/材料				
类别	名称	规格型号	单位	数量
工具	卡盘扳手		把	1
	刀架扳手		把	1
	加力杆		把	1
	内六角扳手		套	1
	活动扳手		把	1
	垫片		片	若干
量具	钢直尺	0~300 mm	把	1
	游标卡尺	0~200 mm	把	1
刀具	90°外圆车刀		把	1
	切断刀	5 mm	把	1
耗材	棒料			按图样
2. 工作准备				
(1)技术资料:工作任务卡 1 份、教材、FANUC 系统数控操作说明书				
(2)工作场地:有良好的照明、通风和消防设施等条件				
(3)工具、设备和材料:按“工具/设备/材料”栏目准备相关工具、设备和材料				
(4)建议分组实施教学:每 2~3 人为一组,每组准备一台数控车床。通过分组讨论完成零件的工艺分析及加工工艺方案设计,通过演示和操作训练完成零件的加工				
(5)劳动保护:穿戴劳保用品、工作服				

二、工艺分析

1. 确定装夹方案和定位基准

采用三爪自定心卡盘夹紧，能自动定心，工件伸出卡盘100~110 mm，能够保证90 mm车削长度，同时便于切断刀进行切断加工。

2. 选择刀具及切削用量

选择刀具时需要根据零件结构特征确定刀具类型，如外圆需要外圆车刀，切断(槽)需要切断(槽)刀，切螺纹需要螺纹车刀。

图1-2-1所示的零件材料为45号钢，外形规则，对刀片材料及形状无特殊要求，刀片均选用常用的涂层硬质合金刀片。机夹可转位车刀所使用的刀片为标准角度。外圆表面加工选择数控车床常用菱形刀片。粗精加工外圆表面使用一把刀具即可满足所加工零件精度要求。切断(槽)刀选择5 mm宽刀片。螺纹刀选择外螺纹车刀，可加工导程为2 mm的螺纹。

根据零件的精度要求和工序安排确定刀具类型及切削参数，如表1-2-3所示。

表1-2-3　刀具及切削参数表

工步	工步内容	刀具号	刀具类型	主轴转速/(r/min)	进给量/(mm/r)	背吃刀量/mm
1	粗车外形轮廓	T01	外圆车刀	600	0.2	2~2.5
2	精车外形轮廓	T01	外圆车刀	1 000	0.1	0.5
3	切断	T02	切断刀	400	0.05	
4	车外螺纹	T03	螺纹车刀	400	2	

3. 确定加工顺序及进给路线

该零件为单件生产，端面为设计基准，也是长度方向上的测量基准，选用外圆车刀进行粗、精加工外圆，工件坐标系原点在右端面圆心。加工时应该分层粗加工外圆，直至留余量给精加工，精加工同时加工各倒角。外圆加工完毕后，刀架回到安全位置后换切断(槽)刀，在保证尺寸要求的情况下切槽，刀架再次退回到安全位置后，换螺纹车刀，分五次进行螺纹切削加工。完成后，刀架回到安全位置换切断(槽)刀，在保证长度的情况下进行切断。掉头装夹保证总长，从而完成零件加工。

4. 坐标点计算

在手工编程时，坐标值计算要根据图样尺寸和设定的编程原点，按确定的加工路线，对刀尖从加工开始到结束过程中每条运动轨迹的起点或终点的坐标数值进行仔细计算。对于较简单的零件不需要做特别的数据处理，一般可在编程过程中确定各点坐标值。

运用G71轴向粗车固定循环指令时，要注意所有点的坐标为终点位置坐标。

该零件在粗加工时所用各基点坐标大部分都可由图1-2-1直接得到。主要尺寸的程序按设定值计算。螺纹光轴尺寸应考虑到螺纹加工伸缩量，所以编程尺寸为$X=20-0.15=19.85$ mm。螺纹底径根据公式$d=D-(1.1\sim1.3)P$计算，可得$d=18.2$ mm。螺纹可分四次加工。

第一次：$X=19.2$，$Z=-23.0$

第二次：$X=18.6$，$Z=-23.0$

第三次：$X=18.3$，$Z=-23.0$

第四次：$X=18.2$，$Z=-23.0$。

将四次加工坐标输入即可。

5. 确定编程路线及过程

(1)毛坯尺寸 ϕ50 mm×140 mm，毛坯粗车，毛坯总余量 30 mm，分层粗加工外圆表面；精加工时，先倒角再进行外表面精加工，经过精加工保证外圆尺寸及各阶梯轴长度尺寸；精加工完成后换切断(槽)刀，车削加工螺纹退刀槽，再换螺纹车刀进行螺纹的切削加工，最后对工件进行切断，掉头平端面、倒角，保证工件总长度。

(2)平端面保证总长：在端面余量不大的情况下，一般采用自外向内的切削路线，注意刀尖中心与轴线等高，避免崩刀尖，要过轴线以免留下尖角。启用车床恒线速度功能保证端面的表面质量。

三、编程

加工程序单如表 1-2-4 所示。

表 1-2-4　加工程序单

程序内容	说明
O0002;	主程序名
G97 G99M03 S600;	取消恒线速，设定转进给，设主轴正转 600 r/min
T0101;	选取 1 号刀具
M08;	打开切削液
G00 X52.0 Z2.0;	快速定位
G94 X-1.0 Z0.0 F0.1;	车端面(因刀尖圆弧半径的影响，为保证端面平整，一般应过端面中心一点)
G71 U1.5 R1.0;	G71 指令循环粗车各轮廓
G71 P25 Q80 U1.0 W0.1 F0.2;	设精加工余量
N25 G00 X13.85;	快速定位 *C*1 倒角延长线处
G01 X19.85 Z-1.0;	倒 *C*1 角
Z-25.0;	粗车 *M*20 外圆至 ϕ19.85 mm
X26.0;	到 *C*2 倒角延长线处
X30.0 Z-27.0;	倒 *C*2 角
Z-60.0;	粗车 ϕ30 mm 外圆
X40.0;	
Z-98.0;	粗车 ϕ40 mm 外圆
N80 G01 X52.0;	退刀
G70 P25 Q80;	G70 指令精车各外形轮廓
G00 X100.0 Z100.0;	返回换刀点
T0202 S400;	换 2 号切槽刀，主轴正转 400 r/min
G00 X52;	快速定位
Z-25.0;	
G01 X16.0 F0.1;	切 ϕ16 mm 槽，宽 5 mm
X52.0;	退刀

表 1-2-4(续)

程序内容	说明
G00 X100.0 Z100.0;	返回换刀点
T0303;	换 3 号螺纹刀
G00 X23.0;	快速定位
Z3.0;	
G92 X19.2 Z-23.0 F2.0;	G92 指令螺纹切削单次循环指令,第一次车螺纹
X18.6;	第二次车螺纹
X18.3;	第三次车螺纹
X18.2;	第四次车螺纹
G00 X100.0 Z100.0;	返回换刀点
T0202 S400;	换 2 号切断刀,主轴正转 400 r/min
G00 X52.0 Z-96.0;	快速定位至切断处(长度留 1 mm 余量)
G01 X0.0 F0.1;	切断
G00 X100.0 Z100.0;	返回换刀点
M05;	主轴停转
M30;	程序结束并返回

切断后,掉头装夹台阶面、平端面,倒角,保证总长度尺寸,此过程为手动操作完成。

四、加工

加工前准备工作:①确保车床开启后回到参考点;②检查车床的快速修调倍率和进给修调倍率,一般快速修调倍率在 20%以下,进给修调倍率在 50%以下,以防止速度过快导致撞刀。

加工时如果不确定对刀是否正确,可采用单段加工的方式进行。在确定每把刀具在所建立的坐标系中第一个点正确后,可自动加工。编程时采用外轮廓加工循环指令,在轮廓循环第一次走刀时应该将速度调慢,以确定加工到工件最左端时不会车到卡爪。

执行工作计划表如表 1-2-5 所示。

表 1-2-5　执行工作计划表

序号	操作流程	工作内容	学习问题反馈
1	开机检查	检查车床→开机→低速热机→回车床参考点	
2	工件装夹	自定心卡盘夹住棒料一头,注意伸出长度	
3	刀具安装	依次安装外圆车刀、切断(槽)刀	
4	对刀操作	采用试切法对刀。为保证零件的加工精度,建议将精加工刀具作为基准刀	
5	程序传输	将编写好的加工程序通过传输软件上传到数控系统中	
6	程序检验	锁住车床,调出所需加工程序,在“图形检验”功能下,实现零件加工刀具运动轨迹的检验	

表 1-2-5(续)

序号	操作流程	工作内容	学习问题反馈
7	零件加工	运行程序,完成零件加工。选择单步运行,结合程序观察走刀路线和加工过程。粗车后,测量工件尺寸,针对加工误差进行适当补偿	
8	零件检测	用量具检测加工完成的零件	

五、检测

加工完成后对零件的尺寸精度和表面质量做相应的检测,如有误差则分析其原因,避免下次加工再出现类似情况。

【任务拓展】

1. 加工图 1-2-20 所示带有螺纹的阶梯轴零件,材料为 45 号钢,材料规格为 ϕ55 mm×120 mm。要求:分析零件加工工艺,编制加工程序,并完成该零件加工。

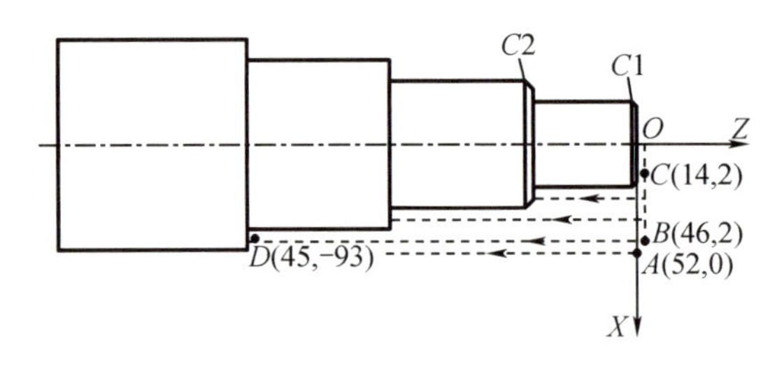

图 1-2-20　阶梯轴零件 1

2. 加工图 1-2-21 所示带有螺纹的阶梯轴零件,材料为 45 号钢,材料规格为 ϕ50 mm×140 mm。要求:分析零件加工工艺,编制加工程序,并完成该零件加工。

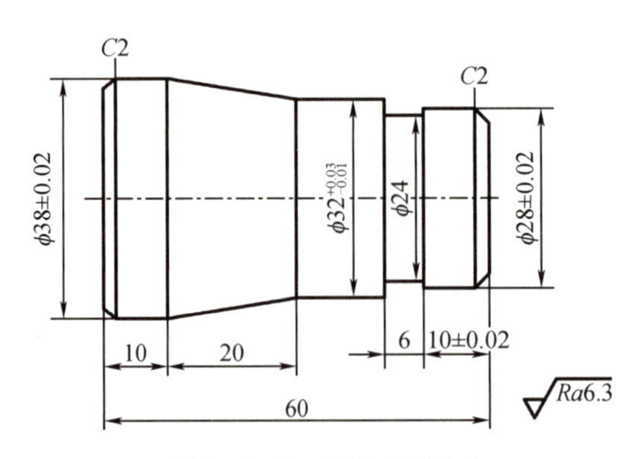

图 1-2-21　阶梯轴零件 2

【实训报告】

一、实训任务书

<table>
<tr><td>课程名称</td><td colspan="3">数控加工综合实训</td><td>项目 1</td><td>数控车削加工实训</td></tr>
<tr><td>任务 2</td><td colspan="3">循环泵螺纹轴零件数控车削加工</td><td>建议学时</td><td>4</td></tr>
<tr><td>班级</td><td></td><td>学生姓名</td><td></td><td>工作日期</td><td></td></tr>
<tr><td>实训目标</td><td colspan="5">1. 掌握外螺纹车削加工工艺方案制定；
2. 掌握零件定位装夹的方法；
3. 掌握外螺纹刀具的选择及安装方法；
4. 掌握外螺纹车削加工与检测所需工量具的选择及使用方法；
5. 严格遵守安全文明生产要求，操作数控车床并加工带有螺纹的台阶轴零件；
6. 能对所完成的零件超差进行原因分析及修正</td></tr>
<tr><td>实训内容</td><td colspan="5">1. 制定循环泵螺纹轴零件机械加工工艺过程卡片
会分析循环泵螺纹轴零件图样，进而确定零件装夹方案、加工刀具、加工路径、切削参数，并填写机械加工工艺过程卡片。
2. 编制循环泵螺纹轴零件数控加工程序
掌握加工回转体外圆、端面的数控加工指令，编写循环泵螺纹轴零件的数控加工程序，并保证程序的准确性、合理性。
3. 利用数控车床加工循环泵螺纹轴零件
熟悉数控车床面板各按键的功能，掌握数控车床的基本操作，利用 FANUC 数控系统车床加工循环泵螺纹轴零件</td></tr>
<tr><td>安全与文明生产要求</td><td colspan="5">操作人员必须熟悉数控车床使用说明书等有关资料；开机前应对数控车床进行全面细致的检查，确认无误后方可操作；车床开始工作前要有预热，认真检查润滑系统工作是否正常，如车床长时间未开动，可先采用手动方式向各部分供油润滑；数控车床通电后，检查各开关、按钮和按键是否正常、灵活，车床有无异常现象；检查电压、油压是否正常</td></tr>
<tr><td>提交成果</td><td colspan="5">实训报告、循环泵螺纹轴零件</td></tr>
<tr><td>对学生的要求</td><td colspan="5">1. 具备机械加工工艺、数控编程的基础知识；
2. 具备数控车床操作的知识；
3. 具备一定的实践动手能力、自学能力、数据计算能力、沟通协调能力、语言表达能力和团队意识；
4. 执行安全、文明生产规范，严格遵守实训车间制度和劳动纪律；
5. 着装规范（工装），不携带与生产无关的物品进入实训场地；
6. 完成“循环泵螺纹轴零件数控车削加工”实训报告，加工出循环泵螺纹轴零件</td></tr>
<tr><td>考核评价</td><td colspan="5">评价内容：程序及工艺评价；车床操作评价；工件质量评价；文明生产评价等。
评价方式：由学生自评（自述、评价，占 10%）、小组评价（分组讨论、评价，占 20%）、教师评价（根据学生学习态度、工作报告及现场抽查知识或技能进行评价，占 70%）构成该同学该任务成绩</td></tr>
</table>

二、实训准备工作

<table>
<tr><td>课程名称</td><td colspan="2">数控加工综合实训</td><td>项目 1</td><td>数控车削加工实训</td></tr>
<tr><td>任务 2</td><td colspan="2">循环泵螺纹轴零件数控车削加工</td><td>建议学时</td><td>4</td></tr>
<tr><td>班级</td><td></td><td>学生姓名</td><td></td><td>工作日期</td><td></td></tr>
<tr><td>场地准备描述</td><td colspan="5"></td></tr>
<tr><td>设备准备描述</td><td colspan="5"></td></tr>
<tr><td>刀、夹、量、
工具准备描述</td><td colspan="5"></td></tr>
<tr><td>知识准备描述</td><td colspan="5"></td></tr>
</table>

三、实训记录

1. 循环泵螺纹轴零件机械加工工艺过程卡

产品名称及型号			零件名称			零件图号			
材料	名称	45号钢	毛坯	种类	棒料	零件质量/kg	毛重		共1页
	牌号			尺寸	ϕ50 mm×140 mm		净重		第1页
	性能				每台件数		每批件数		

工序	工步	工序内容	同时加工零件数	切削用量			设备名称及编号	工艺装备名称及编号			技术等级	工时额定	
				背吃刀量/mm	切削速度/(mm/min)	主轴转速/(r/min)		夹具	刀具	量具		单件	准备—终结
抄写			校对			审核			批准				

2. 零件加工程序单

程序内容	程序说明

3. 任务实施情况分析单

任务实施过程	存在的问题	解决的办法
机床操作		
加工程序		
加工工艺		
加工质量		
安全文明生产		

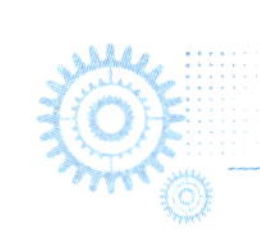

四、考核评价表

考核项目	技术要求	分值	学生自评（10%）	小组评分（20%）	教师评分（70%）	实得分
程序及工艺（15%）	程序正确完整	5				
	切削用量合理	5				
	工艺过程规范合理	5				
机床操作（20%）	刀具选择安装正确	5				
	对刀及工件坐标系设定正确	5				
	机床操作规范	5				
	工件加工正确	5				
工件质量（40%）	尺寸精度符合要求	30				
	表面粗糙度符合要求	8				
	无毛刺	2				
文明生产（15%）	安全操作	5				
	机床维护与保养	5				
	工作场所整理	5				
相关知识及职业能力（10%）	数控加工基础知识	2				
	自学能力	2				
	表达沟通能力	2				
	合作能力	2				
	创新能力	2				
总分		100				

任务3　汽车转子零件数控车削加工

【任务描述】

本任务介绍在数控车床上，采用三爪自定心卡盘对任务3的零件装夹定位，用机夹棱形车刀和3 mm切断刀加工图1-3-1所示的圆弧类零件。能熟练掌握数控车削加工圆弧类零件加工工艺编制、程序编写及加工全过程。

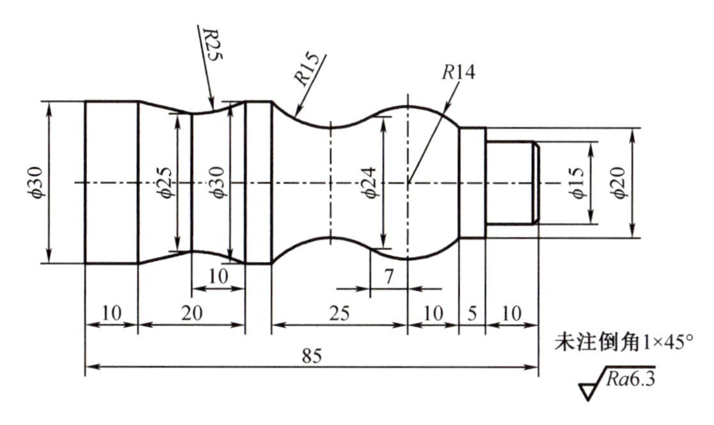

图 1-3-1　循环泵螺纹轴零件

【任务分析】

汽车转子零件为带有圆弧表面的零件,其零件的外形是在任务 1 的基础上增加了一个凸圆弧面及一个凹圆弧面,工件毛坯为 ϕ32 mm 的棒料,无热处理和硬度要求,单件生产。

该零件为典型的带有圆弧面的零件,材料为铝材。零件外形较简单,需要加工外圆、倒角、凸圆弧、凹圆弧并切断,为一典型的数控车削零件。零件的精度为一般精度要求。

【相关知识】

一、实际操作加工

1. 准备车床

(1)电源接通检查

①检查数控车床的外观是否正常,如电气柜的门是否关好等。

②按车床通电顺序通电。

③通电后检查位置屏幕是否显示,如有错误,会显示相关的报警信息。注意,在位置屏幕或报警屏幕显示之前,不要操作系统,因为有些系统按键可能有特殊用途,如被按下可能会产生故障或带来安全问题。

④检查电机风扇是否旋转。

(2)回参考点

按下回零按钮,使指示灯变亮,转入回零模式,执行回零操作。

2. 准备工件

(1)工件装夹定位

装夹定位面为工件外圆面,所以需将毛坯硬皮去掉大约长 15 mm,该长度为装夹长度。

(2)安装毛坯

将刚车削的工件掉头装夹。工件装夹、找正仍需遵守普通车床的要求,对于圆棒料装夹时工件要水平安放,右手拿工件稍做转动,左手配合右手旋紧夹盘扳手,将工件夹紧。工件伸出卡盘端面外长度应为加工长度再加 10 mm 左右,本工件伸出卡盘外长度应为 40 mm。

3. 准备刀具

(1)检查刀具

检查所用刀具螺钉是否夹紧,刀片是否破损。

(2)安装刀具

按刀具号将刀具装于对应刀位。所用刀具为机夹刀,装夹时让刀杆贴紧刀台,伸出长度在保证加工要求前提下越短越好,一般为刀长的三分之一。

4. 程序准备

将程序输入到系统中,或采用 U 盘拷贝的方式输入,在不装工件的情况下,对程序进行模拟调试,直到程序运行无误。

5. 对刀及参数设定

按任务 1 所介绍的对刀方法,分别对所有刀具进行对刀,并将对刀参数输入刀具偏表中,完成对刀操作。

6. 数控车床的自动加工

检查完程序,开始加工。

(1)先将进给倍率调低,选择单段运行工作方式,同时按“循环启动”键,系统执行单程序段运行工作方式。

(2)加工时每加工一个程序段,车床停止进给后,都要检查下一段要执行的程序,确认无误后再按“循环启动”键,执行下一程序段。要时刻注意刀具的加工状况,观察刀具、工件有无松动,是否有异常的噪声、振动、发热等,观察是否会发生碰撞。加工时,一只手要放在急停按钮附近,一旦出现紧急情况,随时按下按钮。

(3)确认对刀无误,加工正常后,可以选择自动方式加工。

7. 工件检测

整个工件加工完毕后,用检测工具检查工件尺寸。

量具:只测量外径,所以可以选螺旋测微器或游标卡尺。

8. 尺寸调整

检查工件各尺寸,如有错误或超差,应分析检查编程、补偿值设定、对刀等工作环节,有针对性地进行调整直至尺寸合格。

二、复合固定循环指令

该功能根据提供的精加工形状的信息,自动执行粗加工的过程,简化程序编制。

1. 端面粗车循环指令 G72

该指令又称横向切削循环,与 G71 指令类似,不同之处是 G72 指令的刀具路径是按横向(X 轴方向)进行切削循环的,适合加工盘类零件。刀具循环路径如图 1-3-2 所示。

指令格式:

G72 W(Δd) R(e);

G72 P(n_s) Q(n_f) U(Δu) W(Δw) F(f) S(s) T(t);

其中:

Δd——粗加工每次车削的深度(正值);

e——粗加工每次车削循环的 Z 向退刀量;

n_s——精加工程序第一个程序段的顺序号；
n_f——精加工程序最后一个程序段的顺序号；
Δu——X 向精加工余量(直径量)；
Δw——Z 向精加工余量。

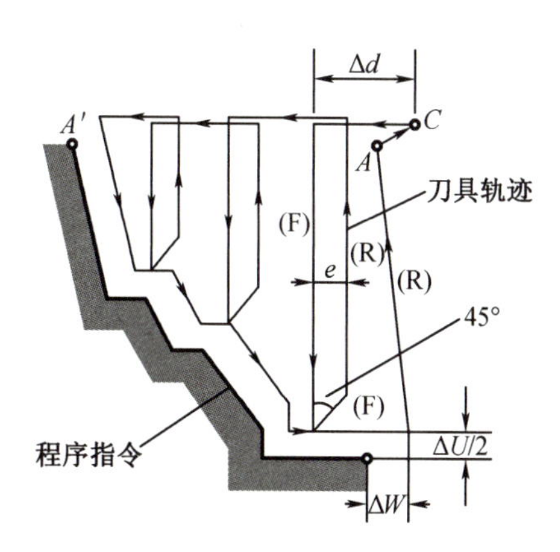

图 1-3-2 G72 指令端面粗车循环路径

注意事项：
①G72 指令精加工程序段的第一句只能写 Z 值，不能写 X 值或将 X、Z 值同时写入。
②该循环的起刀点位于毛坯外径处。
③该指令不能切削凹进形的轮廓。
④由于刀具切削时的方向和路径不同,要调整好刀具装夹方向。
⑤描述精加工轮廓轨迹是从左边 A'点向右切削。

2. 平行轮廓切削循环指令 G73

平行轮廓切削循环的路径是按工件精加工轮廓进行循环的。这种循环主要适合对铸件、锻件等已具备基本形状的工件毛坯进行加工。刀具循环路径如图 1-3-3 所示。

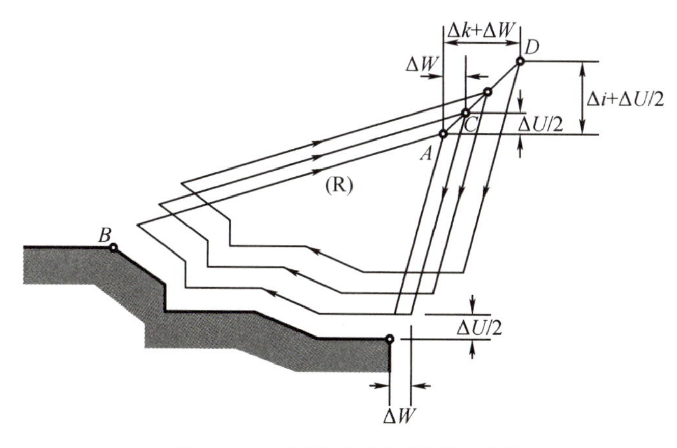

图 1-3-3 平行轮廓切削循环路径

指令格式：

G73 U(Δi) W(Δk) R(e)；

G73 P(n_s) Q(n_f) U(Δu) W(Δw) F_ S_ T_;

其中：

Δi——粗切时径向切除的总余量(半径值)；

Δk——粗切时轴向切除的总余量；

Δd——循环次数。

其他参数含义与 G71 指令相同。

注意事项：

①该指令可以切削凹进的轮廓。

②该循环的起刀点要大于毛坯外径。

③X 轴方向的总切深余量是用毛坯外径减去轮廓循环中的最小直径值。

3. 径向切槽循环指令 G75

切槽循环指令可以实现 X 轴向内、外切槽循环功能，简化程序。刀具循环路径如图 1-3-4 所示。

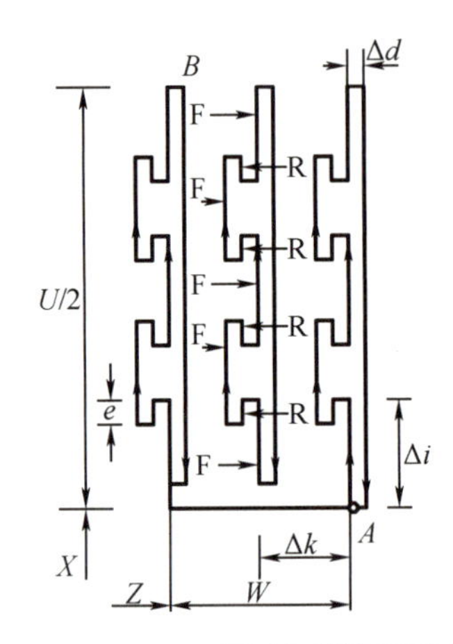

图 1-3-4　G75 指令切槽循环路径

指令格式：

G75 R(e)；

G75 X(U)_ Z(W)_ P(Δi) Q(Δk) R(Δd)F_;

其中：

e——退刀量，其值为模态值；

$X(U)$、$Z(W)$——切槽终点坐标；

Δi——X 方向的每次切深量，用不带符号的半径量表示；

Δk——刀具完成一次径向切削后，Z 方向的偏移量，用不带符号的值表示；

Δd——刀具在切削底部的 Z 方向的退刀量，无要求时可省略；

F——径向切削时的进给速度。

注意事项：

对于程序段中的 Δi、Δk 值，在 FANUC 系统中，不能输入小数点，而应直接输入最小编程单位，如 P1500 表示径向每次切深量为 1.5 mm。另外，最后一次切深量和最后一次 Z 方向偏移量均由系统自行计算。

4. 端面深孔钻削循环指令 G74

G74 指令切槽时的刀具进给路线如图 1-3-5 所示。它与 G75 指令循环轨迹相类似，不同之处是 G74 指令刀具从循环起点 A 出发，先轴向切深，再径向平移，依次循环直至完成全部动作。

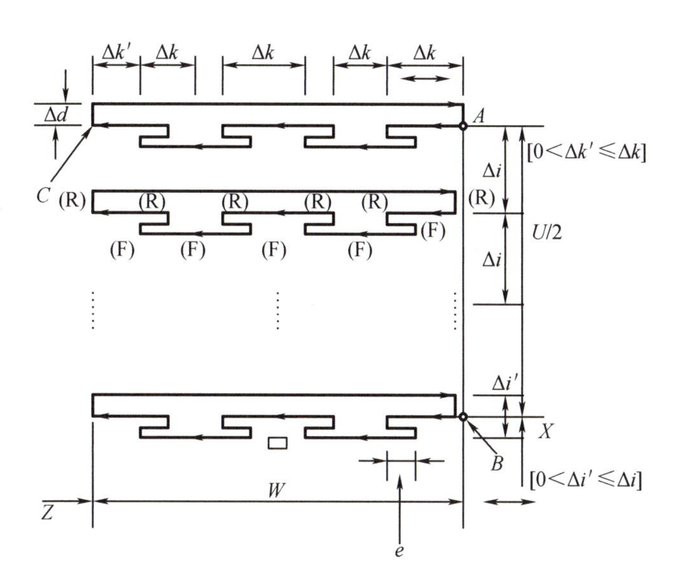

图 1-3-5　G74 指令端面深孔钻削循环路径

指令格式：

G74 R(e)；

G74 X(U)_ Z(W)_ P(Δi) Q(Δk) R(Δd)F_；

其中：

Δi——刀具完成一次轴向切削后，在 X 方向的每次切深量，该值用不带符号的半径量表示；

Δk——Z 方向的切深量，用不带符号的值表示。

其他参数与 G75 指令相同。

注意事项：

G74 指令循环中的 $X(U)$ 值可省略或设定为 0，当 $X(U)$ 为 0 时，在 G74 指令循环执行过程中，刀具仅做 Z 向进给而不做 X 向偏移。这时，该指令可用于端面啄式深孔钻的钻削循环。当 G74 指令用于该循环时，装夹在刀架(尾座无效)上的刀具一定要准确对准工件的旋转中心。

三、刀具半径补偿指令

数控车床是按车刀刀尖对刀的。但在实际加工中，由于刀具会产生磨损，或加工时为加强车刀强度，刀尖不是尖的，而是磨成半径不大的圆弧，所以对刀时刀尖的位置是假想的，如图 1-3-6 所示。编程时是按假想的刀尖轨迹编程的，而在实际加工时，起作用的是刀尖圆弧，于是就引起了加工表面形状的误差，如图 1-3-7 所示。

刀具半径补偿一般必须通过准确功能指令 G41/G42 建立。刀具半径补偿建立后，刀具中心在偏离编程工件轮廓一个半径的等距轨迹上运动。

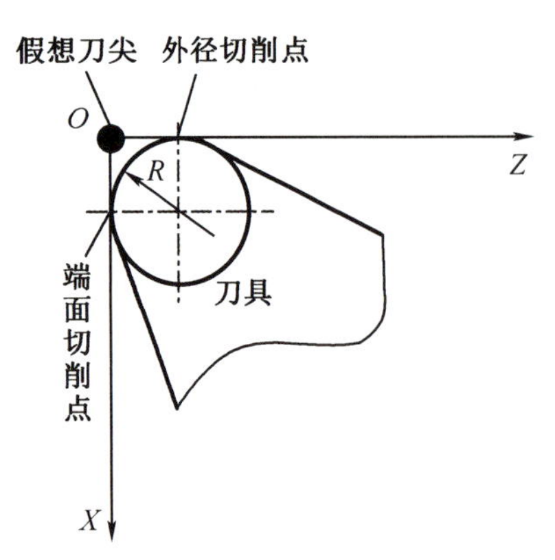

图 1-3-6　刀尖圆弧与假想刀尖

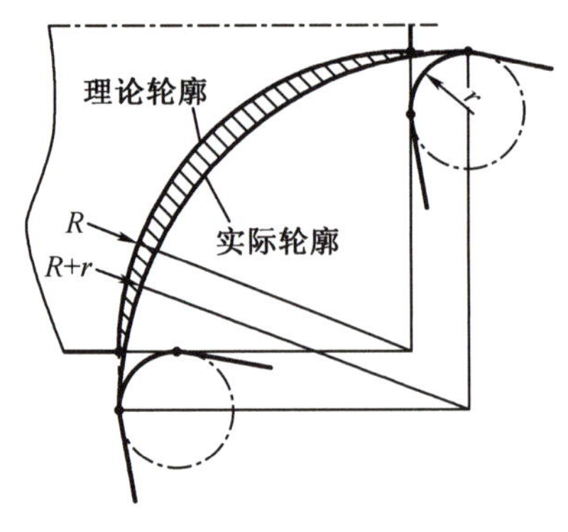

图 1-3-7　刀尖半径补偿的刀具轨迹

1. 刀尖圆弧半径补偿 G40、G41、G42

指令功能：通过 G41、G42、G40 代码及 T 代码指定的刀尖圆弧半径补偿号，加入或取消半径补偿。

指令格式：

$$\begin{Bmatrix} G40 \\ G41 \\ G42 \end{Bmatrix} \begin{Bmatrix} G00 \\ G01 \end{Bmatrix} X\_\ Z\_;$$

其中：

G40——取消刀尖半径补偿；

G41——左刀补（在刀具前进方向左侧补偿）；

G42——右刀补（在刀具前进方向右侧补偿），如图 1-3-8 所示；

X、*Z*——G00/G01 的参数，即建立刀补或取消刀补的终点。

注意：G40、G41、G42 都是模态代码，可相互注销。

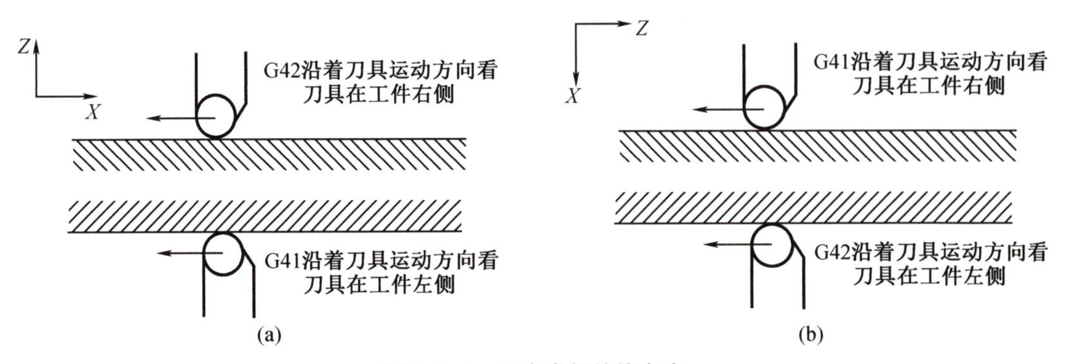

图 1-3-8　刀尖半径补偿方式

指令使用说明：

（1）当前面有 G41、G42 指令时，如要转换为 G42、G41 或结束半径补偿，应先指定 G40 指令取消前面的刀尖半径补偿。

（2）程序结束时，必须清除刀补。

（3）G41、G42、G40 指令应在 G00 或 G01 程序段中加入。

（4）在补偿状态下，没有移动的程序段（M 指令、延时指令等）不能在连续 2 个以上的程序段中指定，否则会过切或欠切。

(5)在补偿启动段或补偿状态下不得指定移动距离为 0 的 G00、G01 等指令。

假想刀尖方向：从刀尖中心看假想刀尖的方向由车削中刀具的方向确定，为进行正确的到补设置，必须预先设定好刀尖的方向。各种刀尖方向有相应的编号与其对应，如图 1-3-9 所示。

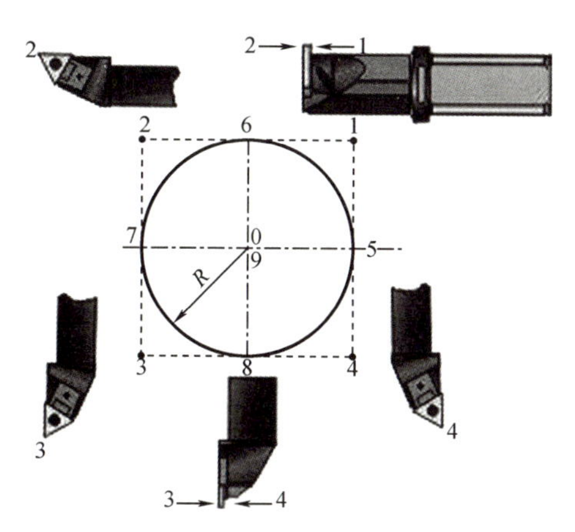

图 1-3-9　各种刀尖方向编号

四、圆弧插补指令

指令功能：该指令能使刀具沿圆弧运动，切出圆弧轮廓。G02 为顺时针圆弧插补指令，G03 为逆时针圆弧插补指令。

指令格式：

$$\begin{Bmatrix} G02 \\ G03 \end{Bmatrix} X(U)\_Z(W)\_\ R\_\ F\_;$$

或：

$$\begin{Bmatrix} G02 \\ G03 \end{Bmatrix} X(U)\_Z(W)\_\ I\_\ K\_\ F\_;$$

其中：

$X(U)$、$Z(W)$——目标点坐标；

R——圆弧的半径，取小于 180°的圆弧部分；

I——圆心相对于圆弧起点在 X 方向的坐标增量；

K——圆相对于圆弧起点在 Z 方向的坐标增量；

F——直线插补时进给速度，单位一般用 mm/r。

指令使用说明：

(1)圆弧顺、逆的方向判断：沿与圆弧所在平面(XOZ)相垂直的另一坐标轴(Y 轴)，由正向负看去，起点到终点运动轨迹为顺时针使用 G02 指令，反之使用 G03 指令，如图 1-3-10 所示。

(2)到圆弧中心的距离不用 I、K 指定，可以用半径 R 指定。当 I、K 和 R 同时被指定时，R 优先，I、K 无效。

(3)I0、K0 可以省略；

(4)若省略 X、Z(U、W)，则表示终点与始点是在同一位置，此时若使用 I、K 指定中心，则变成了指令 360°的圆弧(整圆)。

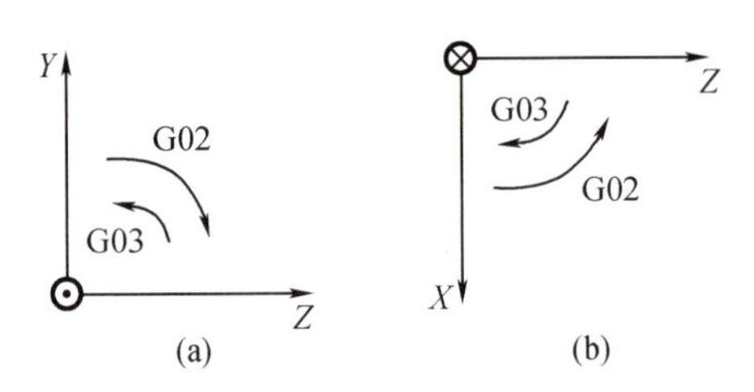

图 1-3-10　圆弧的顺、逆判断

(5)圆弧在多个象限时,该指令可以连续执行。

(6)在圆弧插补程序段中不能有刀具功能指令。

(7)使用圆弧半径 R 指定时,所指定的圆心角小于 180°圆弧。

(8)圆心角接近于 180°圆弧,当使用 R 指定时,圆弧中心位置的计算会出现误差,此时请用 I、K 指定圆弧中心。

例　顺时针圆弧插补,如图 1-3-11 所示。

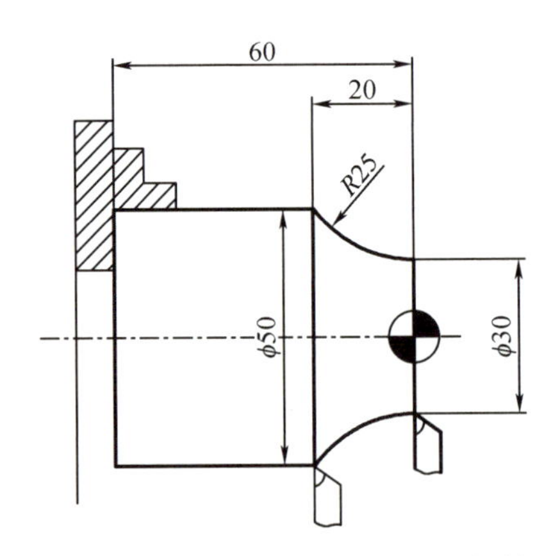

图 1-3-11　G02 指令顺时针圆弧插补

(I、K)指令编程:

G02 X50.0 Z-20.0 I25 K0 F0.5;

G02 U20.0 W-20.0 I25 F0.5;

(R)指令编程:

G02 X50 Z-20 R25 F0.5;

G02 U20 W-20 R25 F0.5;

例　逆时针圆弧插补,如图 1-3-12 所示。

(I、K)指令编程:

G03 X50 Z-20 I-15 K-20 F0.5;

G03 U20 W-20 I-15 K-20 F0.5;

(R)指令编程:

G03 X50 Z-20 R25 F0.5;

G03 U20 W-20 R25 F0.5;

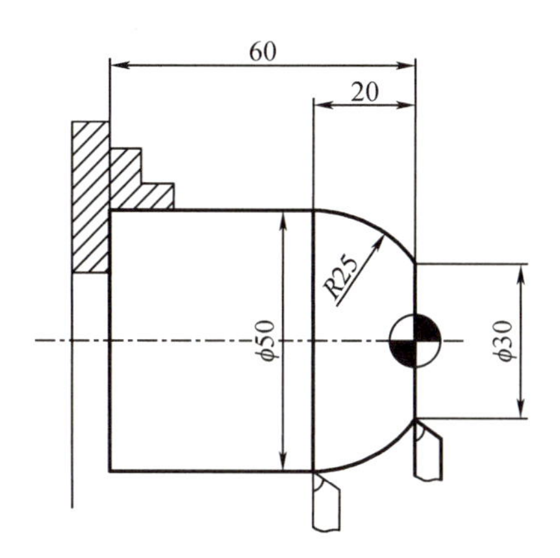

图 1-3-12　G03 指令逆时针圆弧插补

【任务实施】

一、工具材料领用及准备

工具材料及工作准备如表 1-3-1 所示。

表 1-3-1　工具材料及工作准备

1. 工具/设备/材料				
类别	名称	规格型号	单位	数量
工具	卡盘扳手		把	1
	刀架扳手		把	1
	加力杆		把	1
	内六角扳手		套	1
	活动扳手		把	1
	垫片		片	若干
量具	钢直尺	0～300 mm	把	1
	游标卡尺	0～200 mm	把	1
刀具	35°棱形车刀		把	1
	切断刀	3 mm	把	1
耗材	棒料			按图样
2. 工作准备				
(1)技术资料:工作任务卡 1 份、教材、FANUC 系统数控操作说明书				
(2)工作场地:有良好的照明、通风和消防设施等条件				
(3)工具、设备和材料:按“工具/设备/材料”栏目准备相关工具、设备和材料				
(4)建议分组实施教学:每 2～3 人为一组,每组准备一台数控车床。通过分组讨论完成零件的工艺分析及加工工艺方案设计,通过演示和操作训练完成零件的加工				
(5)劳动保护:穿戴劳保用品、工作服				

二、工艺分析

1. 确定装夹方案和定位基准

采用三爪自定心卡盘夹紧,能自动定心,工件伸出卡盘 80~90 mm,能够保证 60 mm 车削长度,同时便于切断刀进行切断加工。

2. 选择刀具及切削用量

选择刀具时需要根据零件结构特征确定刀具类型,零件材料为铝材,对刀片材料无特殊要求,刀片均选用常用的涂层硬质合金刀片。加工圆弧表面,可选用成型车刀、尖形车刀、棱形偏刀等。加工半圆弧或半径较小的圆弧表面可选用成型车刀;精度要求不高的可选用尖形车刀;加工成型表面后还需要加工台阶表面可选用棱形偏刀。

图 1-3-1 零件需要加工外圆和圆弧面,选用 35°机夹棱形车刀;加工完毕后要利用切断刀把零件切断,所以还应该选择一把 3 mm 切断刀。

根据零件的精度要求和工序安排确定刀具类型及切削参数,如表 1-3-2 所示。

表 1-3-2　刀具类型及切削参数表

工步	工步内容	刀具号	刀具类型	主轴转速 /(r/min)	进给量 /(mm/r)	背吃刀量 /mm
1	粗车外形轮廓	T01	棱形车刀	600	0.2	2~2.5
2	精车外形轮廓	T01	棱形车刀	1 000	0.1	0.5
3	切断	T02	切断刀	400	0.05	

3. 确定加工顺序及进给路线

该零件为单件生产,端面为设计基准,也是长度方向上的测量基准,选用 35°机夹棱形车刀进行粗、精加工外圆及凸、凹圆弧面,工件坐标系原点在右端面圆心。加工时应该分层粗加工外圆,直至留余量给精加工,精加工同时加工右端倒角。外圆加工完毕后,刀架回到安全位置后换切断刀,在保证长度加工余量的情况下进行切断。掉头装夹后平端面、倒角,保证总长度尺寸达到要求,从而完成零件加工。

4. 坐标点计算

在手工编程时,坐标值计算要根据图样尺寸和设定的编程原点,按确定的加工路线,对刀尖从加工开始到结束过程中每条运动轨迹的起点或终点的坐标数值进行仔细计算。对于带有圆弧类零件来说,坐标点的数值为终点坐标值,需要区分圆弧为顺时针还是逆时针圆弧,顺时针圆弧用 G02 指令加工,逆时针圆弧用 G03 指令进行切削加工。

5. 确定编程路线及过程

(1)毛坯尺寸 ϕ32 mm×120 mm,毛坯粗车,毛坯总余量 17 mm,利用内外径粗切循环 G71 指令进行分层粗加工,径向留精车余量 0.5 mm。精加工时,采用先倒角再进行外表面精加工的方式,保证外圆各轮廓线尺寸,长度尺寸留有 1 mm 加工余量,切削加工完成后进行切断,掉头平端面、倒角,保证总长尺寸。

(2)平端面保证总长:在端面余量不大的情况下,一般采用自外向内的切削路线,注意刀尖中心与轴线等高,避免崩刀尖,要过轴线以免留下尖角。启用机床恒线速度功能保证端面的表面质量。

三、编程

加工程序单如表 1-3-3 所示。

表 1-3-3　加工程序单

程序内容	说明
O0003	主程序名
G97 G99 M03 S600;	取消恒线速，设定转进给，设主轴正转 600 r/min
T0101;	选取 1 号刀具
M08;	打开切削液
G00 X35.0 Z2.0;	快速定位
G94 X-1.0 Z0.0 F0.1;	车端面
G71 U2.0 R1.0;	
G71 P2 Q7 U0.5 W0.1 F0.2;	G71 指令循环粗车各轮廓
N2 G00 X9.0;	快速定位
G01 X15.0 Z-2.0 F0.1;	倒角 *C*1
Z-10.0;	车 ϕ15 mm 外圆
X20.0;	
Z-15.0;	车 ϕ20 mm 外圆
G03 X24.0 Z-32.0 R14.0;	车 *R*14 mm 凸圆弧
G02 X30.0 Z-50.0 R15.0;	车 *R*15 mm 凹圆弧
G01 Z-55.0;	车中间 ϕ30 mm 外圆
G02 X25.0 Z-65.0 R25.0;	车 *R*25 mm 凹圆弧
G01 X30.0 Z-75.0;	车圆锥面
Z-90.0;	车左端 ϕ30 mm 外圆
N7 G01 X35.0;	退刀
G70 P2 Q7;	G70 指令精车各轮廓
G00 X100.0 Z100.0;	返回换刀点
T0202 S400;	换 2 号切断刀，主轴正转 400 r/min
G00 X45.0;	
Z-89.0;	快速定位至切断处
G01 X0.0 F0.05;	切断（总长留 1 mm 余量）
X45.0;	退刀
G00 X100.0 Z100.0;	返回换刀点
M05;	主轴停转
M30;	程序结束并返回

切断后，掉头装夹台阶面、平端面，倒角，保证总长度尺寸，此过程为手动操作完成。

四、加工

加工前准备工作：①确保车床开启后回到参考点；②检查车床的快速修调倍率和进给修调倍率，一般快速修调倍率在 20%以下，进给修调倍率在 50%以下，以防止速度过快导致撞刀。

加工时如果不确定对刀是否正确，可采用单段加工的方式进行。在确定每把刀具在所建立的坐标系中第一个点正确后，可自动加工。编程时也可采用外轮廓加工循环指令，在

轮廓循环第一次走刀时应该将速度调慢，以确定加工到工件最左端时不会车到卡爪。执行工作计划表如表 1-3-6 所示。

表 1-3-6　执行工作计划表

序号	操作流程	工作内容	学习问题反馈
1	开机检查	检查车床→开机→低速热机→回车床参考点	
2	工件装夹	自定心卡盘夹住棒料一头，注意伸出长度	
3	刀具安装	依次安装外圆车刀、切断(槽)刀	
4	对刀操作	采用试切法对刀。为保证零件的加工精度，建议将精加工刀具作为基准刀	
5	程序传输	将编写好的加工程序通过传输软件上传到数控系统	
6	程序检验	锁住机床，调出所需加工程序，在“图形检验”功能下，实现零件加工刀具运动轨迹的检验	
7	零件加工	运行程序，完成零件加工。选择单步运行，结合程序观察走刀路线和加工过程。粗车后，测量工件尺寸，针对加工误差进行适当补偿	
8	零件检测	用量具检测加工完成的零件	

五、检测

加工完成后对零件的尺寸精度和表面质量做相应的检测，如有误差则分析其原因，避免下次加工再出现类似情况。

【任务拓展】

1. 加工图 1-3-13 所示带有圆弧的阶梯轴零件，材料为 45 号钢，材料规格为 ϕ60 mm×75 mm。要求：分析零件加工工艺，编制加工程序，并完成该零件加工。

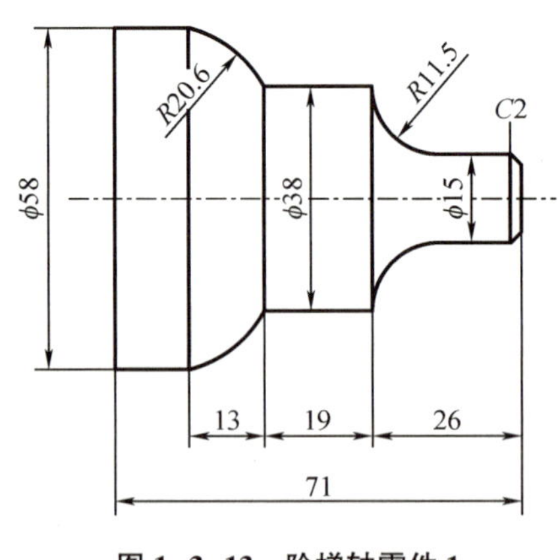

图 1-3-13　阶梯轴零件 1

2. 加工图 1-3-14 所示带有圆弧的阶梯轴零件，材料为 45 号钢。要求：分析零件加工工艺,编制加工程序,并完成该零件加工。

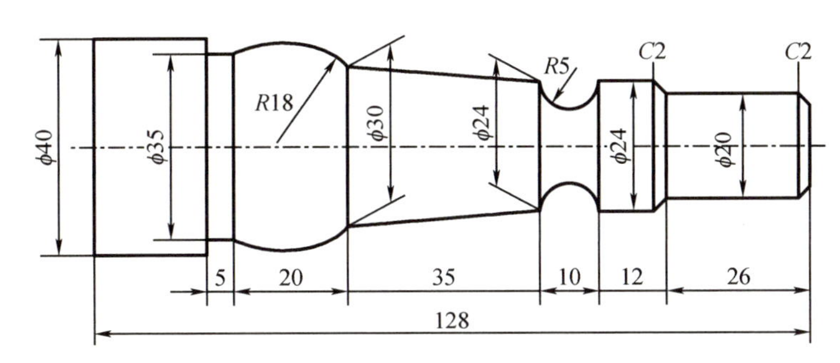

图 1-3-14　阶梯轴零件 2

【实训报告】

一、实训任务书

课程名称	数控加工综合实训		项目 1	数控车削加工实训
任务 3	汽车转子零件数控车削加工		建议学时	4
班级		学生姓名	工作日期	
实训目标	1. 掌握带有圆弧面的轴零件车削加工工艺方案制定; 2. 掌握零件定位装夹的方法; 3. 掌握车削刀具的选择及安装方法; 4. 掌握凸、凹圆弧面车削加工与检测所需工量具的选择及使用方法; 5. 严格遵守安全文明生产要求,操作数控车床并加工带有圆弧面的轴类零件; 6. 能对所完成的零件超差进行原因分析及修正			
实训内容	1. 制定汽车转子零件机械加工工艺过程卡片 会分析汽车转子零件图样,进而确定零件装夹方案、加工刀具、加工路径、切削参数,并填写机械加工工艺过程卡片。 2. 编制汽车转子零件数控加工程序 掌握加工回转体外圆、端面的数控加工指令,编写汽车转子零件的数控加工程序,并保证程序的准确性、合理性。 3. 利用数控车床加工汽车转子零件 熟悉数控车床面板各按键的功能,掌握数控车床的基本操作,利用 FANUC 数控系统车床加工汽车转子零件			
安全与文明生产要求	操作人员必须熟悉数控车床使用说明书等有关资料;开机前应对数控车床进行全面细致的检查,确认无误后方可操作;车床开始工作前要有预热,认真检查润滑系统工作是否正常,如车床长时间未开动,可先采用手动方式向各部分供油润滑;数控车床通电后,检查各开关、按钮和按键是否正常、灵活,车床有无异常现象;检查电压、油压是否正常			
提交成果	实训报告、汽车转子零件			

表(续)

对学生的要求	1. 具备机械加工工艺、数控编程的基础知识; 2. 具备数控车床操作的知识; 3. 具备一定的实践动手能力、自学能力、数据计算能力、沟通协调能力、语言表达能力和团队意识; 4. 执行安全、文明生产规范,严格遵守实训车间制度和劳动纪律; 5. 着装规范(工装),不携带与生产无关的物品进入实训场地; 6. 完成"汽车转子零件数控车削加工"实训报告,并加工出汽车转子零件
考核评价	评价内容:程序及工艺评价;机床操作评价;工件质量评价;文明生产评价等。 评价方式:由学生自评(自述、评价,占 10%)、小组评价(分组讨论、评价,占 20%)、教师评价(根据学生学习态度、工作报告及现场抽查知识或技能进行评价,占 70%)构成该同学该任务成绩

二、实训准备工作

<table>
<tr><td>课程名称</td><td colspan="3">数控加工综合实训</td><td>项目 1</td><td>数控车削加工实训</td></tr>
<tr><td>任务 3</td><td colspan="3">汽车转子零件数控车削加工</td><td>建议学时</td><td>4</td></tr>
<tr><td>班级</td><td></td><td>学生姓名</td><td></td><td>工作日期</td><td></td></tr>
<tr><td>场地准备描述</td><td colspan="5"></td></tr>
<tr><td>设备准备描述</td><td colspan="5"></td></tr>
<tr><td>刀、夹、量、工具准备描述</td><td colspan="5"></td></tr>
<tr><td>知识准备描述</td><td colspan="5"></td></tr>
</table>

三、实训记录

1. 汽车转子零件机械加工工艺过程卡

<table>
<tr><td colspan="2">产品名称及型号</td><td></td><td colspan="2">零件名称</td><td></td><td colspan="2">零件图号</td><td colspan="2"></td></tr>
<tr><td rowspan="3">材料</td><td>名称</td><td>铝</td><td rowspan="2">毛坯</td><td>种类</td><td>棒料</td><td rowspan="2">零件质量
/kg</td><td>毛重</td><td rowspan="2"></td><td>共 1 页</td></tr>
<tr><td>牌号</td><td></td><td>尺寸</td><td>φ32 mm×120 mm</td><td>净重</td><td>第 1 页</td></tr>
<tr><td>性能</td><td colspan="3"></td><td>每台件数</td><td></td><td>每批件数</td><td colspan="2"></td></tr>
</table>

<table>
<tr><td rowspan="2">工序</td><td rowspan="2">工步</td><td rowspan="2">工序内容</td><td rowspan="2">同时加工
零件数</td><td colspan="3">切削用量</td><td rowspan="2">设备名称
及编号</td><td colspan="3">工艺装备名称及编号</td><td rowspan="2">技术等级</td><td colspan="2">工时额定</td></tr>
<tr><td>背吃刀量
/mm</td><td>切削速度
/(mm/min)</td><td>主轴转速
/(r/min)</td><td>夹具</td><td>刀具</td><td>量具</td><td>单件</td><td>准备—
终结</td></tr>
<tr><td></td><td></td><td></td><td></td><td></td><td></td><td></td><td></td><td></td><td></td><td></td><td></td><td></td><td></td></tr>
<tr><td></td><td></td><td></td><td></td><td></td><td></td><td></td><td></td><td></td><td></td><td></td><td></td><td></td><td></td></tr>
<tr><td></td><td></td><td></td><td></td><td></td><td></td><td></td><td></td><td></td><td></td><td></td><td></td><td></td><td></td></tr>
<tr><td></td><td></td><td></td><td></td><td></td><td></td><td></td><td></td><td></td><td></td><td></td><td></td><td></td><td></td></tr>
<tr><td></td><td></td><td></td><td></td><td></td><td></td><td></td><td></td><td></td><td></td><td></td><td></td><td></td><td></td></tr>
<tr><td></td><td></td><td></td><td></td><td></td><td></td><td></td><td></td><td></td><td></td><td></td><td></td><td></td><td></td></tr>
<tr><td></td><td></td><td></td><td></td><td></td><td></td><td></td><td></td><td></td><td></td><td></td><td></td><td></td><td></td></tr>
<tr><td></td><td></td><td></td><td></td><td></td><td></td><td></td><td></td><td></td><td></td><td></td><td></td><td></td><td></td></tr>
<tr><td></td><td></td><td></td><td></td><td></td><td></td><td></td><td></td><td></td><td></td><td></td><td></td><td></td><td></td></tr>
<tr><td></td><td></td><td></td><td></td><td></td><td></td><td></td><td></td><td></td><td></td><td></td><td></td><td></td><td></td></tr>
<tr><td></td><td></td><td></td><td></td><td></td><td></td><td></td><td></td><td></td><td></td><td></td><td></td><td></td><td></td></tr>
<tr><td></td><td></td><td></td><td></td><td></td><td></td><td></td><td></td><td></td><td></td><td></td><td></td><td></td><td></td></tr>
</table>

抄写		校对		审核		批准	

2. 零件加工程序单

程序内容	程序说明

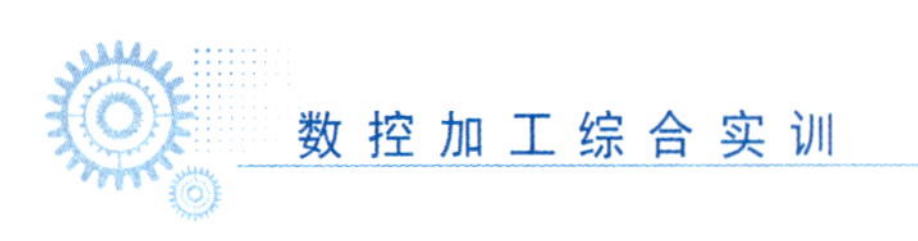

3. 任务实施情况分析单

任务实施过程	存在的问题	解决的办法
机床操作		
加工程序		
加工工艺		
加工质量		
安全文明生产		

四、考核评价表

考核项目	技术要求	分值	学生自评（10%）	小组评分（20%）	教师评分（70%）	实得分
程序及工艺（15%）	程序正确完整	5				
	切削用量合理	5				
	工艺过程规范合理	5				
机床操作（20%）	刀具选择安装正确	5				
	对刀及工件坐标系设定正确	5				
	机床操作规范	5				
	工件加工正确	5				
工件质量（40%）	尺寸精度符合要求	30				
	表面粗糙度符合要求	8				
	无毛刺	2				
文明生产（15%）	安全操作	5				
	机床维护与保养	5				
	工作场所整理	5				
相关知识及职业能力（10%）	数控加工基础知识	2				
	自学能力	2				
	表达沟通能力	2				
	合作能力	2				
	创新能力	2				
总分		100				

任务 4　涡轮增压机组配合件数控车削加工

【任务描述】

本任务介绍在数控车床上，加工涡轮增压机组配合件，如图 1-4-1 所示。配合件由螺纹轴（图 1-4-2）和螺纹套（图 1-4-3）两个零件组成，采用三爪自定心卡盘分别对零件进行装夹定位、车削加工，全部加工完成后装配成配合件。要求能够熟练掌握数控车削加工轴类零件和套类零件的加工工艺编制、程序编写及数控车削加工全过程。

图 1-4-1　涡轮增压机组配合件

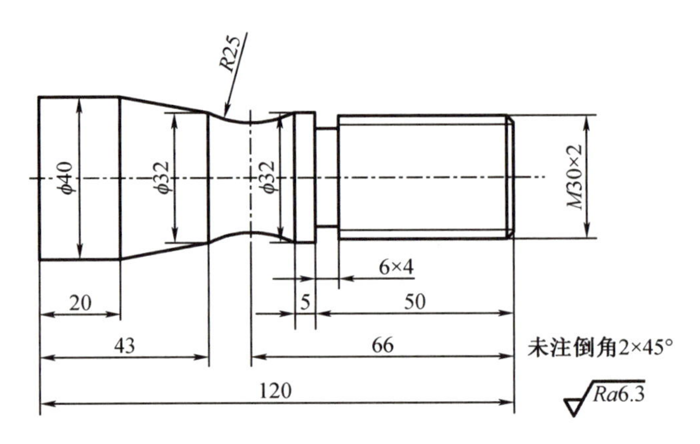

图 1-4-2　螺纹轴

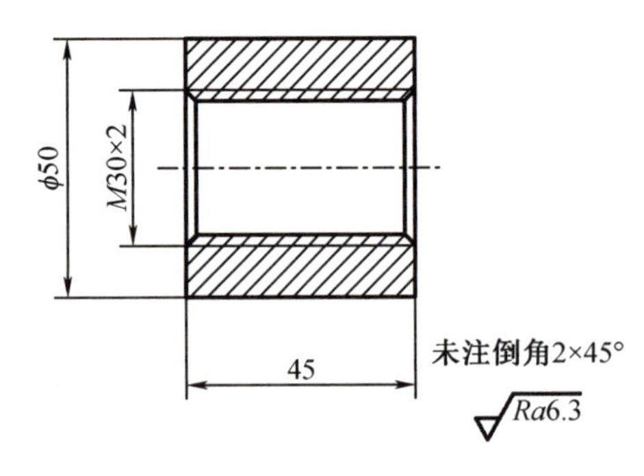

图 1-4-3　螺纹套

【任务分析】

涡轮增压机组配合件由两个零件组成，其中螺纹轴零件为带有凹圆弧表面、斜面、螺纹面的零件；螺纹套零件带有内螺纹及倒角，外形较简单。两个零件加工完成后，可通过 M30×2 的螺纹连接组成涡轮增压机组配合件，具有可装配的特性。材料均为 45 号钢，各零件无热处理和硬度要求，单件生产。

【相关知识】

一、内孔车刀

根据不同的加工情况，内孔车刀可分为通孔车刀和盲孔车刀两种，如图 1-4-4 所示。

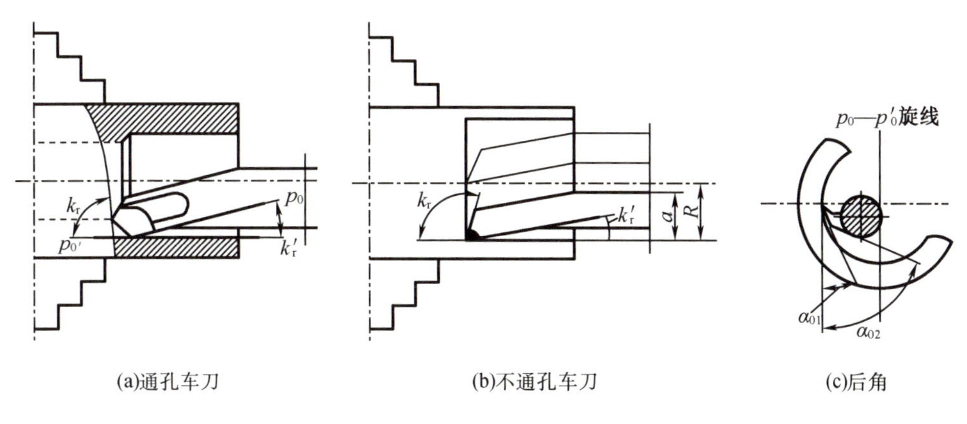

(a)通孔车刀　(b)不通孔车刀　(c)后角

图 1-4-4　内孔车刀

1. 通孔车刀

通孔车刀切削部分的几何形状与外圆车刀相似,为了减小径向切削抗力,防止车孔时振动,主偏角 k_r 应取得大些,一般在 60°~75°之间,副偏角 k_r'一般为 15°~30°。为了防止内孔车刀后刀面和孔壁的摩擦,一般磨出后角 α_{01} 和 α_{02},其中 α_{01} 取 6°~12°,α_{02} 取 30°左右。

2. 盲孔车刀

盲孔车刀用来车削盲孔或阶梯孔,其切削部分的几何形状基本上与偏刀相似,它的主偏角 k_r 大于 90°,一般为 90°~95°,后角的要求和通孔车刀一样。不同之处是不通孔车刀夹在刀杆的最前端,刀尖到刀杆外端的距离 a 小于孔半径 R,否则无法车平孔的底面。

二、车孔的关键技术

车孔的关键技术是提高内孔车刀的刚度和解决排屑问题。

1. 提高内孔车刀的刚度的措施

(1)尽量增加刀柄的截面积,通常内孔车刀的刀尖位于刀柄的上面,这样刀柄的截面积较小,还不到孔截面积的 1/4,若使内孔车刀的刀尖位于刀柄的中心线上,那么刀柄在孔中的截面积可大大地增加。

(2)尽可能缩短刀柄的伸出长度,以增加车刀刀柄刚性,减小切削过程中的振动,此外,还可将刀柄上下两个平面做成互相平行,这样就能很方便地根据孔深调节刀柄伸出的长度。

2. 解决排屑问题

要解决排屑问题,主要是控制切屑流出方向。精车孔时要求切屑流向待加工表面(前排屑)。为此,采用正刃倾角的内孔车刀;加工不通孔时,应采用负的刃倾角车刀,使切屑从孔口排出。

三、车阶梯孔基础知识

数控车削内孔的指令与外圆车削指令基本相同,关键应该注意外圆柱在加工过程中是越加工越小,而内孔在加工过程中是越加工越大,这在保证尺寸方面尤为重要。对于内外径粗车循环指令 G71,在加工外径时余量 X 为正,但在加工孔时余量 X 应为负,这一点应该尤为注意,否则内孔尺寸肯定会增多。内径粗车循环指令为:

G71 U1 R1;

G71 P1 Q2 U-0.5 F0.3;

四、子程序的应用加工编程

机床的加工程序可以分为主程序和子程序两种。主程序是一个完整的零件加工程序，或是零件加工程序的主体部分。它与被加工零件或加工要求对应，不同的零件或不同的加工要求，都有唯一的主程序。

在编制加工程序时，有时会要求一组程序段在一个程序中多次出现，或者在几个程序中都要使用它。这个典型的加工程序可以做成固定程序，并单独加以命名，这组程序段就称为子程序。

子程序一般不能作为独立的加工程序使用，它只能通过主程序进行调用，实现加工中的局部动作。子程序执行结束后，能自动返回到调用它的主程序中。

为了进一步简化加工程序，可以允许子程序再调用另一个子程序，这一功能称为子程序的嵌套，如图 1-4-5 所示。

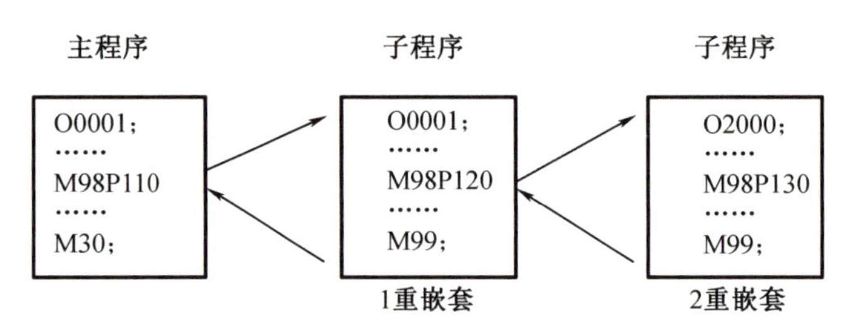

图 1-4-5　子程序的嵌套

1. 子程序的调用

在大多数数控系统中，子程序与主程序并无本质区别，子程序和主程序在程序号与程序内容方面基本相同，仅结束标记不同。主程序用 M02 或 M30 表示结束，而子程序在 FANUC 系统中则用 M99 表示结束，并实现自动返回主程序功能。

子程序的调用可通过辅助功能指令 M98 进行，同时在调用格式中将子程序的程序号地址改为 P，其常用的子程序调用格式有以下两种。

格式一：

M98P××××L××××;

其中，地址符 P 后面的四位数字为子程序号，地址 L 后面的数字表示重复子程序的次数，子程序号与调用次数前的 0 可省略不写。如果子程序只调用一次，则地址 L 与其后的数字可以省略。

格式二：

M98P××××××××;

其中地址符 P 后面八位数字中，前四位表示调用次数，后四位表示子程序号，采用这种格式时，调用次数前的 0 可省略不写，但子程序号前的 0 不可省略。在同一数控系统中，子程序的两种格式不能混合使用。

2. 子程序调用的特殊用法

(1)子程序返回到主程序中的某一程序段

如果在子程序的返回指令中加上 Pn 指令,则子程序将返回到主程序中段号为 n 的那个程序段,而不直接返回到主程序。

(2)自动返回到程序开始段

如果在主程序中执行 M99,则程序将返回到主程序的开始程序段并继续执行主程序。也可以在主程序中插入 M99Pn,用于返回到指定的程序段。为了能够执行后面的程序,通常在该指令前加"/",以便在不需要返回执行时,跳过该程序段。

(3)强制改变子程序重复执行的次数

用 M99L××指令可强制改变子程序重复执行的次数,其中 L××表示子程序调用的次数。

例　Z 轴方向偏移调用子程序,如图 1-4-6 所示。

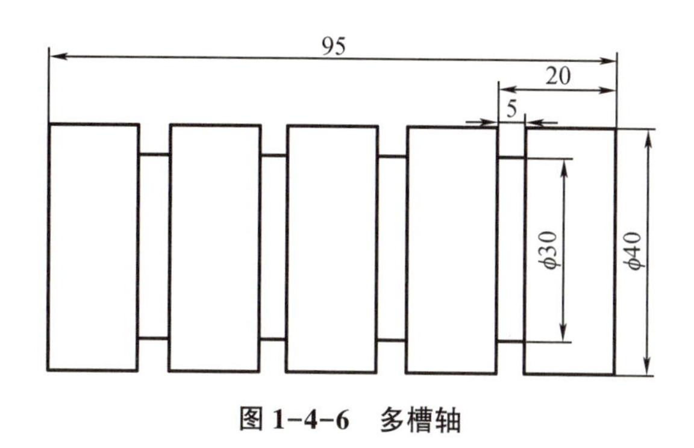

图 1-4-6　多槽轴

主程序:

```
O4001
M03 S350;                设主轴正转 600 r/min
T0101;
G00 X42.0 Z0.0;          快速定位
M98 P1112 L4;            调用子程序,重复 4 次
G00 X100.0 Z100.0;       返回参考点
M05;
M30;
```

子程序:

```
O1112
G00 W-20.0;              快速定位
G94 X30.0 F0.1;          切槽
M99;                     子程序返回
```

注意:

①子程序 Z 轴进刀 20 mm,切削加工,子程序结束。

②主程序定位要考虑偏移的距离。定位错误,则工件加工就错误。Z 轴应定位到凹槽正上方或第一个凹槽 Z 坐标+两凹槽之间距离。X 轴定位到毛坯料外侧。

例　*X* 轴方向偏移调用子程序,如图 1-4-7 所示。

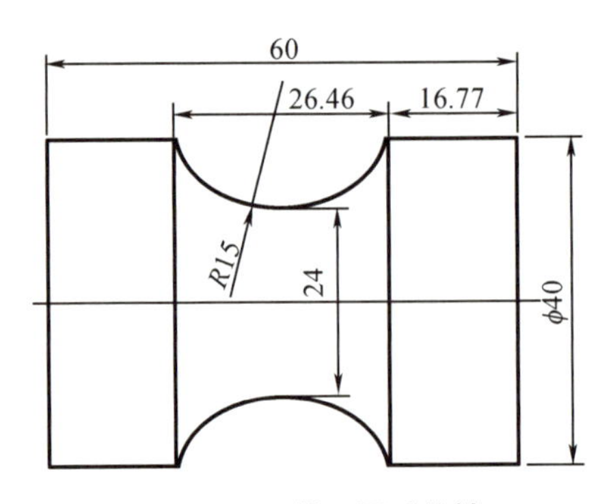

图 1-4-7　带凹圆弧的轴

主程序:

```
O4002
M03 S800;
G00 X56.0 Z-16.77;                快速定位
M98 P0112 L4;                     调用子程序,重复 4 次
G00 X100.0 Z100.0;                返回换刀点
M05;
M30;
```

子程序:

```
O0112
G01 U-4 F0.2;
G02 W-26.46 R15 F0.1;             车圆弧
G01 Z-16.77 F0.2;
M99;
```

注意:

①主程序 *X* 定位坐标等于凹槽起点坐标加上凹槽深度(直径)。40+16=56,此坐标计算错误可能造成过切或少切现象。

②子程序中第一行进刀量等于凹槽深度(直径)除以子程序调用次数。

例　多次定位调用子程序(未注倒角 *C*1),如图 1-4-8 所示。

主程序:

```
O4003
M03 S350 T0202;
G00 X52.0 Z-20.0;                 定位右端第一个槽位置
M98 P0002;                        调用子程序
G00 X52.0 Z-45.0;                 定位中间槽位置
M98 P0002;                        调用子程序
G00 X52.0 Z-63.0;                 定位左端第一个槽位置
M98 P0002;                        调用子程序
```

```
G00 X100.0 Z100.0;
M05;
M30;
子程序:
O0002
G01 X50.0 F0.2;
G94 X42.0 F0.1;                    切槽
    X42.0 R1.0;                    倒圆角 C1
    X42.0 R-1.0;                   倒圆角 C1
G00 X52.0;
M99;
```

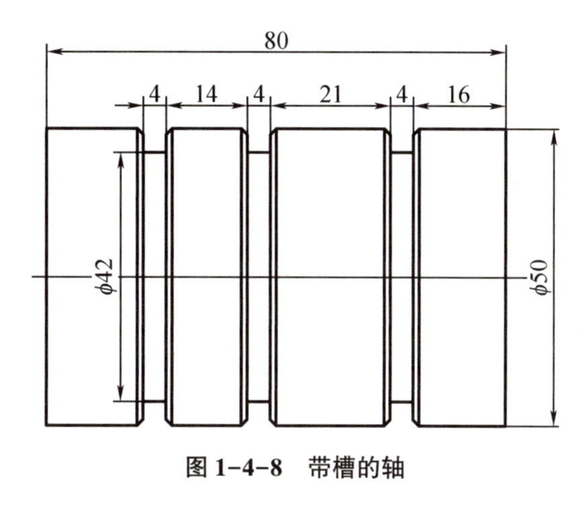

图 1-4-8　带槽的轴

注意:

①凹槽间距不等,但凹槽形状相同。这时只需在主程序中多次进行定位再调用一次子程序就可以。

②子程序调用一次,其参数 L 可以省略。

例　子程序嵌套,如图 1-4-9 所示。

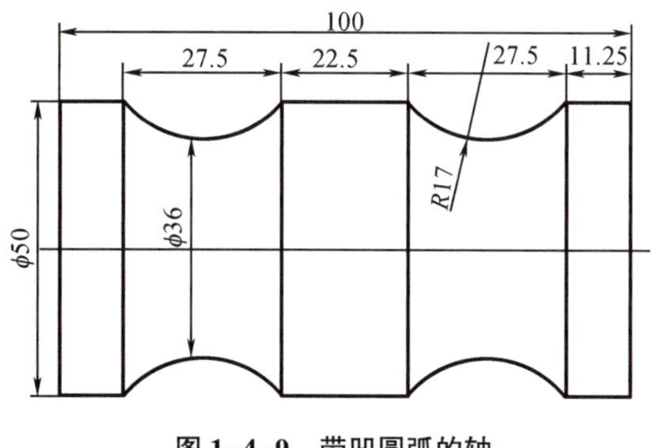

图 1-4-9　带凹圆弧的轴

主程序：

```
O4004
M03 S800 T0101;
G00 X64.0 Z-11.25;          快速定位
M98 P0002 L2;               调用子程序 0002,2 次
G00 X100.0 Z100.0;
M05;
M30;
子程序 O0002:
M98 P0003 L4;               调用子程序 0003,4 次
G00 W-50;
M99;
子程序 O0003:
G01 U-3.5 F0.2;
G02 W-27.5 R17.0;
G00 W27.5;
M99;
```

注意：

①*X* 轴与 *Z* 轴都发生偏移时采用子程序嵌套。

②主程序按照 *X* 轴偏移调用子程序进行定位，第一个子程序为 *Z* 轴偏移，第二个子程序为 *X* 轴偏移。

【任务实施】

一、工具材料领用及准备

工具材料及工作准备表如表 1-4-1 所示。

表 1-4-1　工具材料及工作准备表

1. 工具/设备/材料：				
类别	名称	规格型号	单位	数量
工具	卡盘扳手		把	1
	刀架扳手		把	1
	加力杆		把	1
	内六角扳手		套	1
	活动扳手		把	1
	垫片		片	若干
量具	钢直尺	0~300 mm	把	1
	游标卡尺	0~200 mm	把	1

表 1-4-1(续)

类别	名称	规格型号	单位	数量
刀具	35°棱形车刀		把	1
	切断刀	3 mm	把	1
耗材	棒料			按图样
2. 工作准备				
(1)技术资料:工作任务卡 1 份、教材、FANUC 系统数控操作说明书				
(2)工作场地:有良好的照明、通风和消防设施等条件				
(3)工具、设备和材料:按“工具/设备/材料”栏目准备相关工具、设备和材料				
(4)建议分组实施教学。每 2~3 人为一组,每组准备一台数控车床。通过分组讨论完成零件的工艺分析及加工工艺方案设计,通过演示和操作训练完成零件的加工				
(5)劳动保护:穿戴劳保用品、工作服				

二、工艺分析

1. 确定装夹方案和定位基准

各零件采用三爪自定心卡盘夹紧,能自动定心,工件伸出卡盘足够的长度,能够保证零件车削加工要求,同时便于切断刀进行切断加工。

2. 选择刀具及切削用量

选择刀具时需要根据零件结构特征确定刀具类型。各零件外形规则,对刀片材料及形状无特殊要求,刀片均选用常用的涂层硬质合金刀片。

(1)图 1-4-2 所示螺纹轴零件材料为 45 号钢,因带有内凹圆弧表面,故外圆表面加工选择数控车床常用的 55°棱形刀片。粗精加工外圆表面使用一把刀具即可满足所加工零件精度要求。切断(槽)刀选择 6 mm 宽刀片。螺纹加工选择外螺纹车刀车削,可加工导程为 2 的螺纹。

根据螺纹轴零件的精度要求和工序安排确定刀具类型及切削参数,如表 1-4-2 所示。

表 1-4-2　螺纹轴零件刀具及切削参数表

工步	工步内容	刀具号	刀具类型	主轴转速 /(r/min)	进给量 /(mm/r)	背吃刀量 /mm
1	粗车外形轮廓	T01	棱形车刀	600	0. 2	2~2. 5
2	精车外形轮廓	T01	棱形车刀	1 000	0. 1	0. 5
3	切断	T02	切断刀	400	0. 05	
4	车外螺纹	T03	外螺纹车刀	400	2	

(2)图 1-4-3 所示螺纹套零件材料为 45 号钢,需要先加工内孔,选用 55°内孔车刀(镗刀),粗精加工使用一把刀具即可满足零件加工精度要求。内螺纹加工选用内螺纹车刀车削,可加工导程为 2 的螺纹。根据零件的精度要求和工序安排确定刀具类型及切削参数,如表 1-4-3 所示。

表 1-4-3 螺纹套刀具及切削参数表

工步	工步内容	刀具号	刀具类型	主轴转速/(r/min)	进给量/(mm/r)	背吃刀量/mm
1	粗车外形轮廓	T01	内孔车刀(镗刀)	600	0.12	2~2.5
2	精车外形轮廓	T01	内孔车刀(镗刀)	600	0.12	0.5
3	车内螺纹	T03	内螺纹车刀	400	2	

3. 确定加工顺序及进给路线

配合件各组成零件均为单件生产,端面为设计基准,也是长度方向上的测量基准,工件坐标系原点均设置在右端面圆心。加工时应该分层粗加工外圆,直至留余量给精加工,精加工同时加工倒角。外圆或内孔加工完毕后,进行外螺纹或内螺纹的切削加工,保证螺纹加工精度,使零件在加工完成后能够较好地通过螺纹连接装配在一起,达到配合质量要求。

4. 确定编程路线及过程

(1)螺纹轴毛坯尺寸为 ϕ42 mm×140 mm,编程路线:用 T01 棱形车刀平端面→粗车各轮廓→精车各轮廓→换 T02 切槽刀切削螺纹退刀槽→换 T03 外螺纹车刀车削加工螺纹(分五次加工)→换 T02 刀切断→工件掉头,进行平端面、倒角加工,保证总长度尺寸。

(2)螺纹套毛坯尺寸为 ϕ50 mm×45 mm,内孔为 ϕ24 mm,编程路线:用 T01 镗刀粗车内孔→内孔倒角→精车内螺纹顶径→换 T02 内螺纹刀车削内螺纹(分五次加工)→工件掉头,进行内孔倒角。

(3)平端面保证总长:在端面余量不大的情况下,一般采用自外向内的切削路线,注意刀尖中心与轴线等高,避免崩刀尖,要过轴线以免留下尖角。启用机床恒线速度功能保证端面的表面质量。

三、编程

螺纹轴加工程序单如表 1-4-4 所示。

表 1-4-4 螺纹轴加工程序单

程序内容	说明
O0004;	主程序名
G97 G99 M03 S600;	取消恒线速,设定转进给,设主轴正转 600 r/min
T0101;	选取 1 号刀具
M08;	打开切削液
G00 X45.0 Z2.0;	快速定位
G94 X-1.0 Z0.0 F0.1;	车端面
G71 U1.5 R0.5;	
G71 P10 Q50 U0.5 W0.25 F0.2;	G71 指令循环粗车各轮廓
N10 G00 X0.0;	

表 1-4-4(续)

程序内容	说明
G01 X26.0;	至倒角延长线处
X30.0 Z-2.0;	倒 2×45°角
Z-50.0;	精车螺纹大径
X32.0;	
Z-55.0;	车削中间 ϕ32 mm 外圆
G02 X32.0 Z-77.0 R25.0;	车削内圆弧
G01 X40.0 Z-100.0;	车削左端 ϕ32 mm 斜面
Z-130.0;	车削 ϕ40 mm 外圆
N50 G01 X45.0;	*X* 向退刀
G70 P10 Q50;	G70 指令精车各外形轮廓
G00 X100.0 Z100.0;	返回换刀点
T0202 S400;	换 2 号切槽刀,主轴正转 400 r/min
G00 X45.0;	
Z-50.0;	快速定位
G01 X26.0 F0.1;	切 6 mm 退刀槽
X45.0;	
G00 X100.0 Z100.0;	返回换刀点
T0303;	换 3 号螺纹刀
G00 X33.0;	
Z3.0;	快速定位
G92 X29.2 Z-47.0 F2.0;	G92 指令车螺纹
X28.7;	
X28.4;	
X28.15;	
X28.05;	
G00 X100.0 Z100.0;	返回换刀点
T0202 S400;	换 2 号切槽刀,主轴正转 400 r/min
G00 X45.0;	
Z-126.0;	快速定位
G01 X0.0 F0.1;	切断
X45.0;	
G00 X100.0 Z100.0;	返回换刀点
M05;	主轴停转
M30;42	程序结束并返回

切断后,掉头装夹右端外圆面,光端面、倒角并保证总长尺寸,此过程为手动操作完成。螺纹套加工程序单如表 1-4-5 所示。

表 1-4-5　螺纹套加工程序单

程序内容	说明
O0005;	主程序名
G97 G99 M03 S600;	取消恒线速,设定转进给,设主轴正转 600 r/min
T0101;	选取 1 号刀具
M08;	打开切削液
G00 X23.0 Z2.0;	快速定位
G90 X25.0 Z-48.0 F0.12;	循环粗车
X27.0;	
G00 X32.0;	至倒角延长线处
Z0.0;	
G01 X28.0 Z-2.0;	倒 *C*2 角
Z-48.0;	精车螺纹顶径
X23.0;	*X* 向退刀
G00 Z200.0;	*Z* 向退刀
X200.0;	返回换刀点
T0202 S400;	换 2 号内螺纹刀,主轴正转 400 r/min
G00 X24.0 Z3.0;	快速定位
G92 X28.2 Z-48.0 F2.0;	车内螺纹
X28.6;	
X29.0;	
X29.4;	
X29.8;	
X30.0;	
G00 X200.0 Z200.0;	返回换刀点
M05;	主轴停转
M30;	程序结束并返回

切断后,掉头装夹右端外圆面,内孔倒角并保证总长尺寸,此过程为手动操作完成。

四、加工

加工前准备工作:①确保机床开启后回过参考点;②检查机床的快速修调倍率和进给修调倍率,一般快速修调倍率在 20%以下,进给修调倍率在 50%以下,以防止速度过快导致撞刀。

加工时如果不确定对刀是否正确,可采用单段加工的方式进行。在确定每把刀具在所建立的坐标系中第一个点正确后,可自动加工。编程时也可采用外轮廓加工循环指令,在轮廓循环第一次走刀时应该将速度调慢,以确定加工到工件最左端时不会车到卡爪。执行工作计划表如表 1-4-6 所示。

表 1-4-6　执行工作计划表

序号	操作流程	工作内容	学习问题反馈
1	开机检查	检查机床→开机→低速热机→回机床参考点	
2	工件装夹	自定心卡盘夹住棒料一头,注意伸出长度	
3	刀具安装	依次安装外圆车刀、切断车刀、内孔车刀、螺纹车刀	
4	对刀操作	采用试切法对刀。为保证零件的加工精度,建议将精加工刀具作为基准刀	
5	程序传输	将编写好的加工程序通过传输软件上传到数控系统中	
6	程序检验	锁住机床,调出所需加工程序,在“图形检验”功能下,实现零件加工刀具运动轨迹的检验	
7	零件加工	运行程序,完成零件加工。选择单步运行,结合程序观察走刀路线和加工过程。粗车后,测量工件尺寸,针对加工误差进行适当补偿	
8	零件检测	用量具检测加工完成的零件	

五、检测

加工完成后对零件的尺寸精度和表面质量做相应的检测,如有误差则分析原因,避免下次加工再出现类似情况。

【任务拓展】

加工图 1-4-10 所示配合件,该件由螺纹轴和螺纹套组成。其中螺纹轴的特征主要包括外圆、退刀槽、外螺纹 $M20\times2$;螺纹套的特征包括内圆柱、内圆锥、内螺纹 $M20\times2$。要求:分析零件加工工艺,编制加工程序,完成零件的加工,并装配完成。

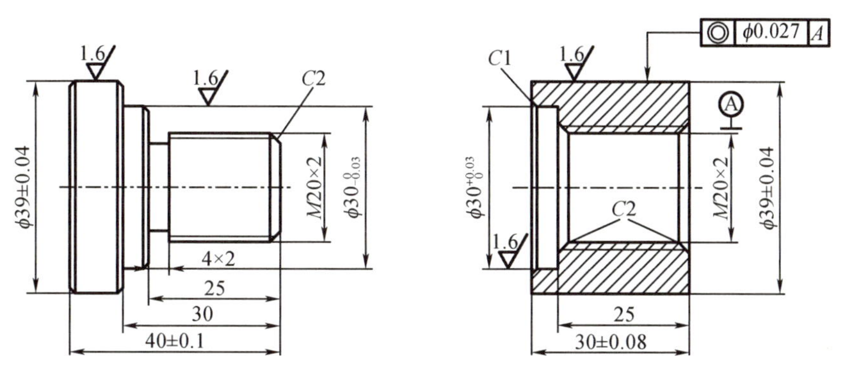

图 1-4-10　配合件

【实训报告】

一、实训任务书

<table>
<tr><td>课程名称</td><td colspan="2">数控加工综合实训</td><td>项目1</td><td>数控车削加工实训</td></tr>
<tr><td>任务4</td><td colspan="2">涡轮增压机组配合件数控车削加工</td><td>建议学时</td><td>4</td></tr>
<tr><td>班级</td><td></td><td>学生姓名</td><td></td><td>工作日期</td><td></td></tr>
<tr><td>实训目标</td><td colspan="5">1. 掌握带有圆弧面的轴零件车削加工工艺方案制定;
2. 掌握零件定位装夹的方法;
3. 掌握车削刀具的选择及安装方法;
4. 掌握凸、凹圆弧面车削加工与检测所需工量具的选择及使用方法;
5. 严格遵守安全文明生产要求,操作数控车床并加工带有圆弧面的轴类零件;
6. 能对所完成的零件超差进行原因分析及修正</td></tr>
<tr><td>实训内容</td><td colspan="5">1. 制定涡轮增压机组配合件机械加工工艺过程卡片
会分析涡轮增压机组配合件图样,进而确定零件装夹方案、加工刀具、加工路径、切削参数,并填写机械加工工艺过程卡片。
2. 编制涡轮增压机组配合件数控加工程序
掌握加工回转体外圆、端面的数控加工指令,编写涡轮增压机组配合件的数控加工程序,并保证程序的准确性、合理性。
3. 利用数控车床加工涡轮增压机组配合件
熟悉数控车床面板各按键的功能,掌握数控车床的基本操作,利用 FANUC 数控系统车床加工涡轮增压机组配合件</td></tr>
<tr><td>安全与文明生产要求</td><td colspan="5">操作人员必须熟悉数控车床使用说明书等有关资料;开机前应对数控车床进行全面细致的检查,确认无误后方可操作;车床开始工作前要有预热,认真检查润滑系统工作是否正常,如车床长时间未开动,可先采用手动方式向各部分供油润滑;数控车床通电后,检查各开关、按钮和按键是否正常、灵活,车床有无异常现象;检查电压、油压是否正常</td></tr>
<tr><td>提交成果</td><td colspan="5">实训报告、涡轮增压机组配合件</td></tr>
<tr><td>对学生的要求</td><td colspan="5">1. 具备机械加工工艺、数控编程的基础知识;
2. 具备数控车床操作的知识;
3. 具备一定的实践动手能力、自学能力、数据计算能力、沟通协调能力、语言表达能力和团队意识;
4. 执行安全、文明生产规范,严格遵守实训车间制度和劳动纪律;
5. 着装规范(工装),不携带与生产无关的物品进入实训场地;
6. 完成“涡轮增压机组配合件数控车削加工”实训报告,并加工出涡轮增压机组配合件</td></tr>
<tr><td>考核评价</td><td colspan="5">评价内容:程序及工艺评价;机床操作评价;工件质量评价;文明生产评价等。
评价方式:由学生自评(自述、评价,占10%)、小组评价(分组讨论、评价,占20%)、教师评价(根据学生学习态度、工作报告及现场抽查知识或技能进行评价,占70%)构成该同学该任务成绩</td></tr>
</table>

二、实训准备工作

<table>
<tr><td>课程名称</td><td colspan="3">数控加工综合实训</td><td>项目 1</td><td>数控车削加工实训</td></tr>
<tr><td>任务 4</td><td colspan="3">涡轮增压机组配合件数控车削加工</td><td>建议学时</td><td>4</td></tr>
<tr><td>班级</td><td></td><td>学生姓名</td><td></td><td>工作日期</td><td></td></tr>
<tr><td>场地准备描述</td><td colspan="5"></td></tr>
<tr><td>设备准备描述</td><td colspan="5"></td></tr>
<tr><td>刀、夹、量、
工具准备描述</td><td colspan="5"></td></tr>
<tr><td>知识准备描述</td><td colspan="5"></td></tr>
</table>

三、实训记录

1. 涡轮增压机组配合件机械加工工艺过程卡

<table>
<tr><td colspan="2">产品名称及型号</td><td></td><td colspan="2">零件名称</td><td colspan="2"></td><td colspan="2">零件图号</td><td colspan="2"></td></tr>
<tr><td rowspan="4">材料</td><td>名称</td><td>45 号钢</td><td rowspan="3">毛坯</td><td>种类</td><td colspan="2">棒料</td><td rowspan="3">零件质量/kg</td><td>毛重</td><td rowspan="3"></td><td>共 1 页</td></tr>
<tr><td rowspan="2">牌号</td><td rowspan="2"></td><td rowspan="2">尺寸</td><td colspan="2">ϕ42 mm×140 mm</td><td rowspan="2">净重</td><td rowspan="2">第 1 页</td></tr>
<tr><td colspan="2">ϕ50 mm×145 mm</td></tr>
<tr><td>性能</td><td colspan="3"></td><td>每台件数</td><td colspan="2"></td><td>每批件数</td><td colspan="2"></td></tr>
</table>

工序	工步	工序内容	同时加工零件数	切削用量			设备名称及编号	工艺装备名称及编号			技术等级	工时额定	
				背吃刀量/mm	切削速度/(mm/min)	主轴转速/(r/min)		夹具	刀具	量具		单件	准备—终结

抄写		校对		审核		批准	

2. 零件加工程序单

程序内容	程序说明

3. 任务实施情况分析单

任务实施过程	存在的问题	解决的办法
机床操作		
加工程序		
加工工艺		
加工质量		
安全文明生产		

四、考核评价表

考核项目	技术要求	分值	学生自评（10%）	小组评分（20%）	教师评分（70%）	实得分
程序及工艺（15%）	程序正确完整	5				
	切削用量合理	5				
	工艺过程规范合理	5				
机床操作（20%）	刀具选择安装正确	5				
	对刀及工件坐标系设定正确	5				
	机床操作规范	5				
	工件加工正确	5				
工件质量（40%）	尺寸精度符合要求	30				
	表面粗糙度符合要求	8				
	无毛刺	2				
文明生产（15%）	安全操作	5				
	机床维护与保养	5				
	工作场所整理	5				
相关知识及职业能力（10%）	数控加工基础知识	2				
	自学能力	2				
	表达沟通能力	2				
	合作能力	2				
	创新能力	2				
总分		100				

实训项目 2　数控铣削加工实训

【项目目标】

知识目标：

1. 能够准确阐述数控铣削加工工艺的制定原则；
2. 能够阐述数控铣削加工指令及其应用方法；
3. 能够描述数控铣床加工基本操作方法。

能力目标：

1. 能够通过分析加工工艺的制定原则，拟定数控铣削加工工艺文件；
2. 能够根据常用数控加工指令，编制典型零件数控铣削加工程序；
3. 能够根据数控铣床基本操作方法，完成典型零件的数控铣削加工。

素质目标：

1. 树立安全意识、质量意识和效率意识；
2. 具有爱岗敬业、争创一流、艰苦奋斗、勇于创新、淡泊名利、甘于奉献的劳模精神。

【项目内容】

数控加工是当今机械制造中的先进加工技术，是一种具有高效率、高精度与高柔性特点的自动化加工方法。它是将要加工工件的数控程序输入机床，机床在这些数据的控制下自动加工出符合人们意愿的工件，以制造出美妙的产品，这样就可以把艺术家的想象变为现实的商品。数控加工技术可有效解决像模具这样复杂、精密、小批多变的加工问题，充分适应了现代化生产的需要。大力发展数控加工技术已成为我国加速发展经济、提高自主创新能力的重要途径。

数控铣床是目前广泛采用的数控机床，有立式和卧式两种。这种数控机床功能齐全，主要用于各类较复杂的平面、曲面、齿形、内孔和壳体类零件的加工，如各类模具、样板、叶片、凸轮、连杆和箱体等，并能进行铣槽、钻、扩、铰、镗孔的工作，特别适合于加工具有复杂曲线轮廓及截面的零件。

数控铣削加工部分主要介绍以 FANUC 为控制系统的数控铣床，通过垫块、管板、型腔、阀盖四个典型工业零部件的加工，分别介绍了平面轮廓、孔系零件、型腔零件及复杂轮廓类零件的数控铣削加工方法。

任务 1 垫块零件数控铣削加工

【任务描述】

本任务介绍在数控铣床上，采用平口钳对零件装夹定位，加工如图 2-1-1 所示垫块零件的外轮廓，加工深度为 4 mm，毛坯材料为 45 号钢。

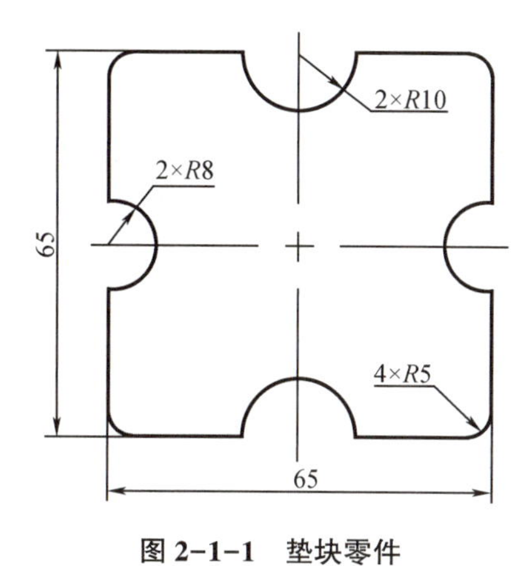

图 2-1-1 垫块零件

要求制定零件加工工艺，编写零件加工程序，最后在数控铣床上进行实际操作加工，并对加工后的零件进行检测、评价。

【任务分析】

垫块零件是机械设备中最常用的外轮廓类零件，常用在各类支承件结构中，其轮廓主要由直线和圆弧组成，是使用数控铣削加工的最典型加工零件。

【相关知识】

一、FANUC 系统数控铣床面板

FANUC 系统数控铣床面板由系统操作面板和机床控制面板两部分组成。

1. 系统操作面板

系统操作面板包括 CRT 显示区和 MDI 编辑面板，如图 2-1-2 所示。

(1) CRT 显示区：位于整个机床面板的左上方，包括显示区和屏幕相对应的功能软键，如图 2-1-3 所示。按下不同的功能键，CRT 显示器可显示机床坐标值、程序、刀补库、系统参数、报警信息和走刀路线等。此外，对应不同的功能键，在 CRT 显示器的下方显示不同的软键，用户可利用这些软键来实现对相应信息的查阅和修改。

(2) MDI 编辑面板：一般位于 CRT 显示区的右侧。MDI 编辑面板上键的位置如图 2-1-4 所示，各按键的名称及功能如表 2-1-1 和表 2-1-2 所示。

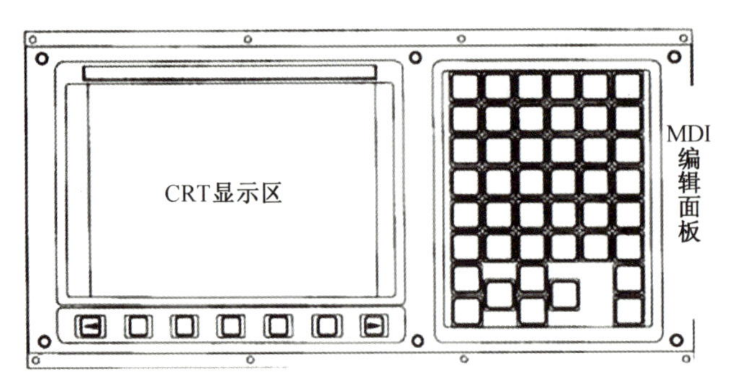

图 2-1-2　FANUC 系统 CRT/MDI 面板

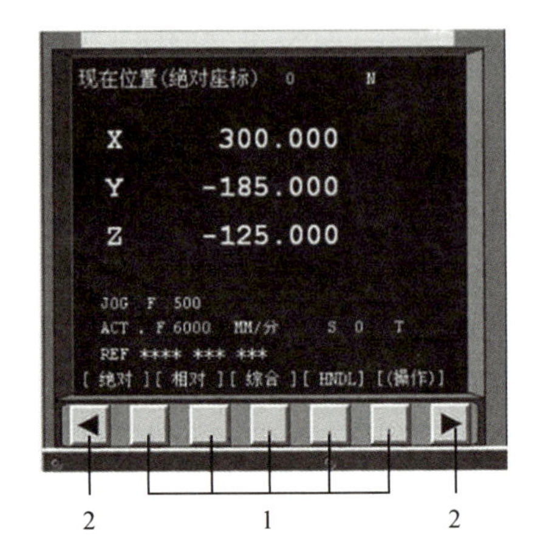

1—功能软键;2—扩展软键。

图 2-1-3　FAUNC 系统 CRT 显示区

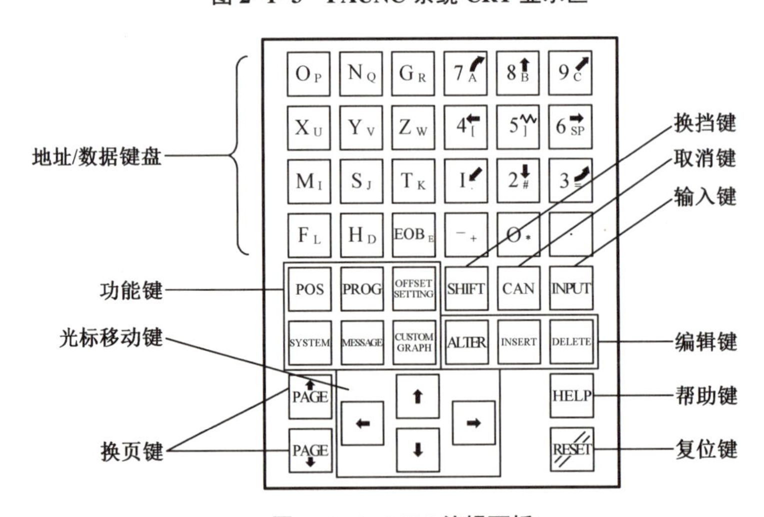

图 2-1-4　MDI 编辑面板

表 2-1-1　FANUC 系统 MDI 编辑面板上主功能键与功能说明

序号	按键符号	名称	功能说明
1	POS	位置 显示键	显示刀具的坐标位置

表 2-1-1(续)

序号	按键符号	名称	功能说明
2	PROG	程序显示键	在"Edit"模式下显示存储器内的程序;在"MDI"模式下,输入和显示 MDI 数据;在"AOTO"模式下,显示当前待加工或者正在加工的程序
3	OFFSET SETTING	参数设定/显示键	设定并显示刀具补偿值、工件坐标系及宏程序变量
4	SYSTEM	系统显示键	系统参数设定与显示、自诊断功能数据显示等
5	NESSAGE	报警信息显示键	显示 NC 报警信息
6	CUSTOM GRAPH	图形显示键	显示刀具轨迹等图形

表 2-1-2 FANUC 系统 MDI 编辑面板上其他按键与功能说明

序号	按键符号	名称	功能说明
1	RESET	复位键	用于所有操作停止或解除报警,CNC 复位
2	HELP	帮助键	提供与系统相关的帮助信息
3	DELETE	删除键	在"Edit"模式下,删除已输入的字及 CNC 中存在的程序
4	INPUT	输入键	加工参数等数值的输入
5	CAN	取消键	清除输入缓冲器中的文字或者符号
6	INSERT	插入键	在"Edit"模式下,在光标后输入字符
7	ALTER	替换键	在"Edit"模式下,替换光标所在位置的字符
8	SHIFT	上档键	用于输入处在上档位置的字符

表 2-1-2(续)

序号	按键符号	名称	功能说明
9	↑PAGE PAGE↓	光标翻页键	向上或者向下翻页
10	O P　N Q　G M　7 A　8 B　9 C X U　Y V　Z W　4　5　6 M I　S J　T K　1　2　3 F L　H D　CDD E　- .　0　·	程序编辑键	用于 NC 程序的输入
11	← ↑ ↓ →	光标移动键	用于改变光标在程序中的位置

2. 机床控制面板

FANUC 系统的控制面板通常在 CRT 显示区的下方,如图 2-1-5 所示,各按键(旋钮)的名称及功能如表 2-1-3 所示。

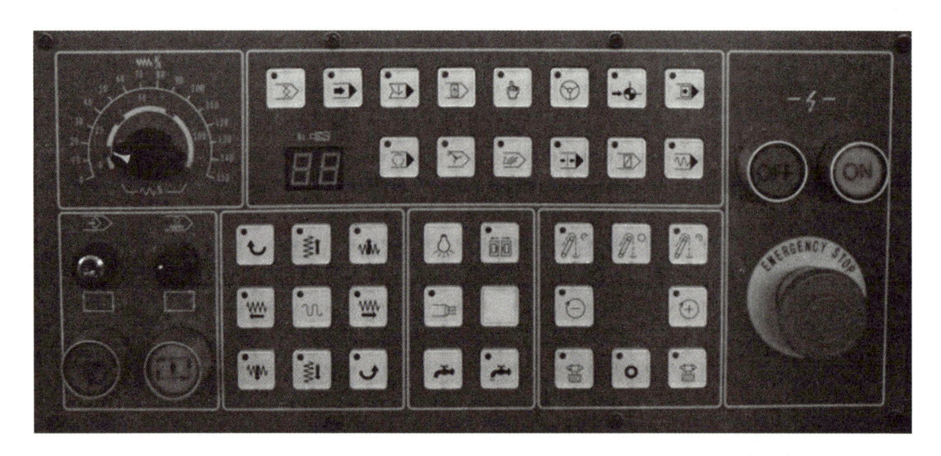

图 2-1-5　FANUC 系统的控制面板

表 2-1-3　FANUC 系统的控制面板各按键及功能

序号	符号	名称	功能说明
1	OFF　ON	系统电源开关	按下左边绿色键,机床系统电源开; 按下右边红色键,机床系统电源关

表 2-1-3(续 1)

序号	符号	名称	功能说明
2		急停按键	紧急情况下按下此按键,机床停止一切运动
3		循环启动键	在“MDI”或者“MEM”模式下,按下此键,机床自动执行当前程序
4		循环启动停止键	在“MDI”或者“MEM”模式下,按下此键,机床暂停程序自动运行,直接再一次按下循环启动键
5		进给倍率旋钮	以给定的 F 指令进给时,可在 0~150%的范围内修改进给率。JOG 方式时,亦可用其改变 JOG 速率
6	① ② ③ ④ ⑤ ⑥ ⑦	机床的工作模式	①DNC:DNC 工作方式;②EDIT:编辑方式;③MEM:自动方式;④MDI:手动数据输入方式;⑤JOG:手动进给方;⑥MPG:手轮进给方式;⑦ZRN:手动返回机床参考零点方式
7		轴进给方向键	在“JOG”或者“RAPID”模式下,按下某一运动轴按键,被选择的轴会以进给倍率的速度移动,松开按键则轴停止移动
8		主轴顺时针转按键	按下此键,主轴顺时针旋转
9		主轴逆时针转按键	按下此键,主轴逆时针旋转
10		程序跳段开关键	在“MEM”模式下,此键“ON”时(指示灯亮),程序中“/”的程序段被跳过执行;此键“OFF”时(指示灯灭),完成执行程序中的所有程序段

表 2-1-3(续 2)

序号	符号	名称	功能说明
11		*Z* 轴锁定开关键	在“MEM”模式下,此键“ON”时(指示灯亮),机床 *Z* 轴被锁定
12		选择停止开关键	在“MEM”模式下,此键“ON”时(指示灯亮),程序中的 M01 有效;此键“OFF”时(指示灯灭),程序中 M01 无效
13		空运行开关键	在“MEM”模式下,此键“ON”时(指示灯亮),程序以快速方式运行;此键“OFF”时(指示灯灭),程序以 F 所指令的进给速度运行
14		单段执行开关键	在“MEM”模式下,此键“ON”时(指示灯亮),每按一次循环启动键,机床执行一段程序后暂停;此键“OFF”时(指示灯灭),每按一次循环启动键,机床连续执行程序段
15		空气冷气开关键	按此键可以控制空气冷却的打开或者关闭
16		冷却液开关键	按此键可以控制冷却液的打开或者关闭
17		机床润滑键	按一下此键,机床会自动加润滑油
18		机床照明开关键	此键“ON”时,打开机床的照明灯;此键“OFF”时,关闭机床照明灯

二、数控铣床坐标系

在数控编程时,为了描述机床的运动、简化程序编制的方法及保证记录数据的互换性,会将数控机床的坐标系和运动方向标准化,ISO 和我国都拟订了命名的标准。铣床坐标系是以铣床原点 *O* 为坐标系原点并遵循笛卡儿坐标系右手定则建立的由 *X*、*X*、*Z* 轴组成的直角坐标系。铣床坐标系是用来确定工件坐标系的基本坐标系,是铣床上固有的坐标系,并设有固定的坐标原点。

1. 坐标原则

(1)遵循笛卡儿坐标系右手定则。

(2)永远假设工件是静止的,刀具相对于工件运动。

(3)刀具远离工件的方向为正方向。

2. 坐标轴

(1)先确定 Z 轴

①传递主要切削力的主轴为 Z 轴。

②若没有主轴,则 Z 轴垂直于工件装夹面。

③若有多个主轴,选择一个垂直于工件装夹面的主轴为 Z 轴。

(2)再确定 X 轴

①X 轴始终水平,且平行于工件装夹面。

②没有回转刀具和工件时,X 轴平行于主要切削方向,如数控刨床。

③有回转工件时,X 轴沿径向,且平行于横滑座,如数控车床、数控磨床。

④有刀具回转的机床,分以下三类:

a. Z 轴水平,由刀具主轴向工件看,X 轴水平向右。

b. Z 轴垂直,由刀具主轴向立柱看,X 轴水平向右。

c. 对于龙门铣床,由刀具主轴向左侧立柱看,X 轴水平向右。

(3)最后确定 Y 轴

按笛卡儿坐标系右手定则确定 Y 轴,如图 2-1-6、图 2-1-7 所示。

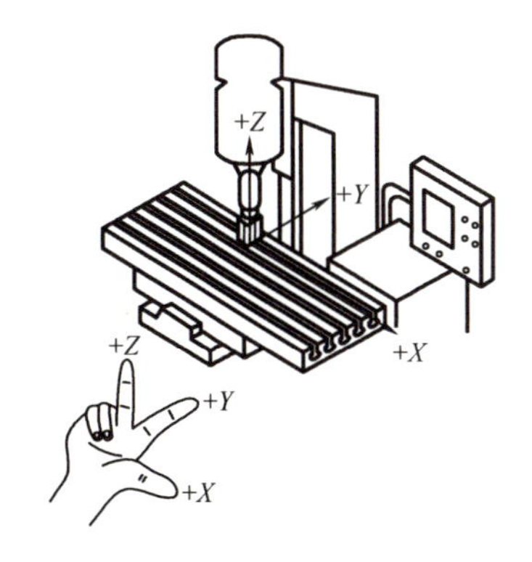

图 2-1-6　立式数控铣床坐标

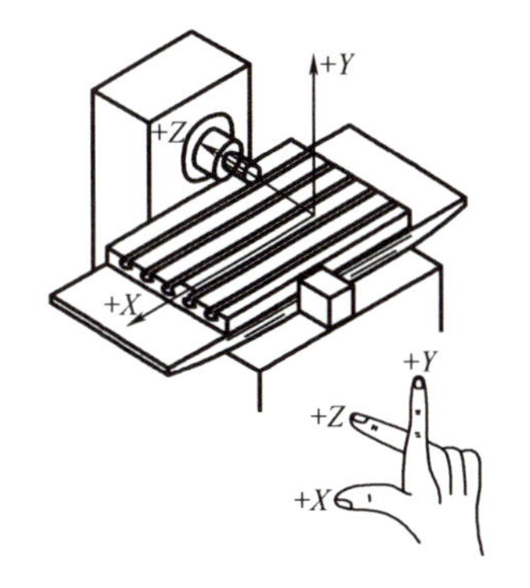

图 2-1-7　卧式数控铣床坐标

3. 铣床坐标系旋转运动及附加轴

(1)绕 X、Y、Z 轴的旋转运动分别用 A、B、C 来表示,按右手螺旋定则确定其正方向。

(2)附加轴:

①附加轴的移动坐标用 U、V、W 和 P、Q、R 表示。

②附加轴的旋转坐标用 D、E、F 表示。

(3)工件运动的正方向与刀具运动的正方向正好相反,分别用$+X'$、$+Y'$、$+Z'$表示。

4. 铣床原点

铣床原点是指在铣床上设置的一个固定点,即铣床坐标系的原点,它是在铣床装配、调试时就确定下来的,是数控铣床进行加工运动的基准参考点,是不能更改的。在数控铣床上,铣床原点一般取在 X、Y、Z 坐标的正反向极限位置上。

三、数控铣床基本编程指令

数控铣床的指令主要分为进给控制(G 功能)、进给速度(F 功能)、主轴功能(S 功能)和辅助功能(M 功能)四大类,本任务涉及如下内容。

1. 进给控制(G 功能)

(1)返回参考点指令 G28

指令功能:该指令用于使控制轴自动返回参考点,为非模态指令。执行 G28 指令时,刀具将经过 G28 指令中 *X*、*Y*、*Z* 坐标所指定的中间点,返回到参考点位置。

指令格式:

G28 X_ Y_ Z_ ;

要点:

①在运行时,人为设定中间点的作用是在返回过程中,控制快速运动的轨迹,避免由于铣床工作台或其他位置可能有的障碍物,而产生“撞刀”。

②执行该指令时,应取消刀具的半径补偿和长度补偿,否则不能正确回到参考点位置。

③该指令在加工中一般用于换刀场合。

(2)选择工件坐标系指令 G54~G59

指令功能:在编程过程中进行编程坐标系(工件坐标系)的平移变换,使编程坐标系的零点偏移到新的位置。

指令格式:

G54(~G59);

要点:

①G54~G59 为模态指令。

②在执行手动返回参考点操作之后,如果未选择工件坐标系自动设定功能,系统便按缺省值选择 G54~G59 中的一个,一般情况下,把 G54 设定为缺省值。

(3)坐标轴运动指令 G00、G01、G02、G03

①快速定位指令:G00

指令功能:用于快速定位刀具,没有对工件进行加工。可在几个轴上同时进行快速移动,由此产生一个线性轨迹,移动速度是铣床设定的空行程速度,与程序段中的进给速度无关。

指令格式:

G00 X_ Y_ Z_ ;

其中:

X、*Y*、*Z*——终点坐标。

要点:

a. G00 一直有效,直到被 G 功能组中其他指令(G01、G02、G03)取代。

b. 在未知 G00 轨迹的情况下,应尽量不用三坐标编程,避免刀具损伤工件。

②直线插补指令 G01

指令功能:刀具以直线从起始点移动到目标位置,按地址 F 下编程的进给速度运行,所有的坐标轴可以同时运行。

指令格式:

G01 X_ Y_ Z_ F_ ;

其中:

X、*Y*、*Z*——进给终点坐标;

F——进给速度。

要点：

G01 一直有效，直到被 G 功能组中其他指令（G01、G02、G03）取代。

③圆弧插补指令 G02、G03

指令功能：刀具以圆弧轨迹从起始点移动到终点。

指令格式：

在 *XY* 平面内的圆弧：

$$G17\begin{Bmatrix}G02\\G03\end{Bmatrix}\ X\_\quad Y\_\ \begin{Bmatrix}R\_\\I\_J\_\end{Bmatrix}\ F\_;$$

在 *XZ* 平面内的圆弧：

$$G18\begin{Bmatrix}G02\\G03\end{Bmatrix}\ X\_\quad Y\_\ \begin{Bmatrix}R\_\\I\_J\_\end{Bmatrix}\ F\_;$$

在 *YZ* 平面内的圆弧：

$$G19\begin{Bmatrix}G02\\G03\end{Bmatrix}\ X\_\quad Y\_\ \begin{Bmatrix}R\_\\I\_J\_\end{Bmatrix}\ F\_;$$

其中：

X、*Y*、*Z*——圆弧的终点坐标；

R——圆弧半径；

F——沿圆弧的进给速度；

I、*J*、*K*——圆弧圆心相对圆弧起点在 *X*、*Y*、*Z* 轴方向的坐标增量。

要点：

①G02 为顺时针方向；G03 为逆时针方向。

②当为整圆时，即终点坐标与起点坐标重合时，若用半径 R 指令，则不移动，即为 0°的圆弧。此时，必须用 I、J 或 K 指令。同时编入 R 与 I、J、K 时，R 有效。

2. 进给速度（F 功能）

指令功能：进给速度是指为保持连续切削刀具相对工件移动的速度，单位为 mm/min。当进给速度与主轴转速有关时单位为 mm/r，称为进给量。进给速度是用地址字母 F 和字母 F 后面的数字来表示的，数字表示进给速度或进给量的大小。

指令格式：

$$\begin{Bmatrix}G94\\G95\end{Bmatrix}\ F\_;$$

其中：

G94——每分钟进给，*F* 的单位为 mm/min；

G95——每转进给，*F* 的单位为 r/min。

要点：

①G94、G95 为模态功能，可相互注销，G94 为缺省值。

②实际进给速度与操作面板倍率开关所处的位置有关，处于 100%位置时，进给速度与程序中的速度相等。

3. 主轴功能(S 功能)

(1)恒定表面速度控制指令(G96)

指令格式:

G96 S_ ;

其中:

S——切削速度。

(2)恒定表面速度控制取消指令(G97)

指令格式:

G97 S_ ;

其中:

S——主轴每分钟的转速。

(3)最高主轴速度限制(G92)

指令格式:

G92 S_ ;

其中:

S——主轴每分钟最高转速。

4. 辅助功能(M 功能)

辅助功能也叫 M 功能或 M 代码,它是控制铣床或系统开关功能的一种命令。

(1)程序暂停(M00)

当执行到 M00 指令时将暂停执行当前程序,以方便操作者进行刀具和工件的尺寸测量、工件调头、手动变速等操作。暂停时,铣床的主轴、进给及冷却液停止,而全部现存的模态信息保持不变,欲继续执行后续程序,重按操作面板上的“循环启动”键。

(2)选择停止(M01)

该指令的作用与 M00 相似,不同的是必须在操作面板上预先按下“任选停止”按钮,当执行完 M01 指令程序段之后,程序停止,按下“循环启动”按钮之后,继续执行下一程序段;如果不预先按下“任选停止”按钮,则会跳过该 M01 指令程序段,即 M01 指令无效。

(3)程序结束(M02)

执行 M02 后,主程序结束,切断铣床所有动作,并使程序复位。M02 也应单独作为一个程序段设定。

(4)主轴正转、反转、停止(M03、M04、M05)

M03、M04 指令可使主轴正、反转,与同段程序其他指令一起执行。M05 指令可使主轴在该程序段其他指令执行完成后停转。

(5)程序结束并返回(M30)

在完成程序段的所有指令后,使主轴停转、进给停止和冷却液关闭,将程序指针返回到第一个程序段并停下来。

5. 刀具和刀具补偿

(1)刀具补偿的作用

利用刀具补偿对工件进行编程时,无须考虑刀具长度或刀具半径,可直接根据零件图纸对工件进行编程。同时通过改变刀具补偿参数还可实现零件的粗精加工。刀具补偿可分刀具长度补偿和刀具半径补偿。

(2)刀具指令 T

指令功能:用 T 指令直接更换刀具(如数控车床常用的转塔式刀架),也可预选刀具,配以 M06 换刀指令换刀。

指令格式:

①T_ 直接更换刀具。

②T_M06 用 M 指令更换刀具。

(3)刀具补偿号指令 D

指令功能:一个刀具可以匹配 1~9 个不同补偿的数据组(用于多个切削刃)。通过调用不同的补偿值可改变刀沿与工件轮廓的位置。

指令格式:

D_ 刀具补偿号 1~9。

如果没有编写 D 指令,则 D1 自动生效;如果编程 D0,刀具补偿无效。

要点:

①刀具调用后,刀具长度补偿立即生效。刀具半径补偿必须与 G41/G42 配合使用。

②补偿存储器的内容包括几何尺寸和刀具类型。几何尺寸又可分为基本尺寸和磨损尺寸。

③刀具类型分为铣刀和钻头。

(4)刀具半径补偿指令 G41、G42(模态有效)

指令功能:刀具通过调用相应的补偿号 D,数控系统自动计算出当前刀具运行产生的与编程轮廓等距离的刀具轨迹。刀具半径补偿通过 G41 和 G42 指令生效。

指令格式:

①G41 G01 X_ Y_ F_ 工件轮廓左边刀具半径补偿有效。

②G42 G01 X_ Y_ F_ 工件轮廓右边刀具半径补偿有效。

要点:

①在线性插补 G00 或 G01 时才可进行 G41/G42 的选择。编程的两个坐标轴如只给出一个坐标尺寸,第二个坐标轴自动以最后编程的尺寸赋值。

②重复执行相同补偿方式时可直接进行新的编程而无须写入 G40 指令。可在补偿运行过程中变换补偿号 D。刀具半径补偿方向 G41 和 G42 可以互换,无须在其中写入 G40 指令,原补偿方向的程序段在其轨迹终点处按补偿矢量的正常状态结束,然后在新补偿方向开始进行补偿。刀具半径补偿也可通过 M02 指令结束。

(5)取消刀具半径补偿指令 G40 *(模态有效)

指令功能:取消刀具半径补偿,运行后刀具中心点到达编程终点。

指令格式:

G40 G01 X_ Y_ F_　取消刀具半径补偿功能。

要点:只有在线性插补(G00/G01)情况下才可取消刀具补偿。编程的两个坐标轴如只给出一个坐标尺寸,第二个坐标轴自动地以最后编程的尺寸赋值。编程时要始终确保运行不与工件发生碰撞。

【任务实施】

一、工具材料领用及准备

工具材料及工作准备如表 2-1-4 所示。

表 2-1-4　工具材料及工作准备

1. 工具/设备/材料				
类别	名称	规格型号	单位	数量
工具	机用平口钳	QH160	台	1
	扳手	和机用平口钳匹配	把	1
	平行垫铁		副	1
	木榔头		把	1
	锉刀		套	1
量具	百分表	0~8 mm/0.01 mm	块	1
	磁性表座	CA-Z3	套	1
	游标卡尺	0~150 mm/0.02 mm	把	1
	深度游标卡尺	0~200 mm/0.02 mm	把	1
	粗糙度样板	N0~N1 12 级	副	1
刀具	高速钢立铣刀	ϕ8 mm	把	1
耗材	方料	65 mm×65 mm×20 mm 铝		
2. 工作准备				
(1)技术资料:工作任务卡 1 份、教材、FANUC 系统数控操作说明书。				
(2)工作场地:有良好的照明、通风和消防设施等条件。				
(3)工具、设备和材料:按“工具/设备/材料”栏目准备相关工具、设备和材料				
(4)建议分组实施教学:每 2~3 人为一组,每组准备一台数控铣床。通过分组讨论完成零件的工艺分析及加工工艺方案设计,通过演示和操作训练完成零件的加工				
(5)劳动保护:穿戴劳保用品、工作服				

二、工艺分析

1. 确定装夹方案和定位基准

零件毛坯为方形,所以采用机用平口钳装夹,如图 2-1-8 所示,用百分表校正机用平口钳。铅垂面定位基准为零件的底面,另一定位基准为零件与固定钳口接触的侧面。编程原点和加工原点在工件上表面中心位置。

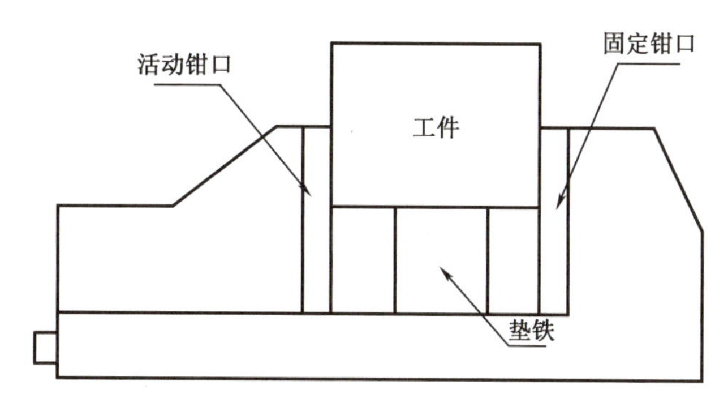

图 2-1-8　机用平口钳装夹示意图

2. 选择刀具及切削用量

选择刀具时需要根据零件结构特征确定刀具类型。

本任务中,内圆弧半径为 R8 mm、R10 mm,所选择的铣刀直径应小于 ϕ16 mm。此零件只有外形加工,所以可选择 ϕ8 mm 的立铣刀。零件材料为 45 号钢,刀具材料可选择高速钢。零件的加工深度为 4 mm,侧吃刀量不大,可一刀切完。根据零件的精度要求和工序安排确定刀具规格及切削参数,如表 2-1-5 所示。

表 2-1-5　刀具及切削参数表

加工工序	刀具类型	主轴转速/(r/min)	进给速度/(mm/min)
铣削轮廓	ϕ8 mm 立铣刀	800	200

3. 确定加工顺序及进给路线

在确定加工路线时,主要考虑顺逆铣、切入切出点和下刀点三个问题。

(1)在数控铣床上大多数情况都采用顺铣的加工方式。本任务中也采用顺铣,其加工方向如图 2-1-9(a)所示,为顺时针方向。与此同时,我们要确定半径补偿的方向(G41/G42)。通常来讲,可以认为顺铣对应的是 G41,逆铣对应的是 G42,如图 2-1-10 所示。

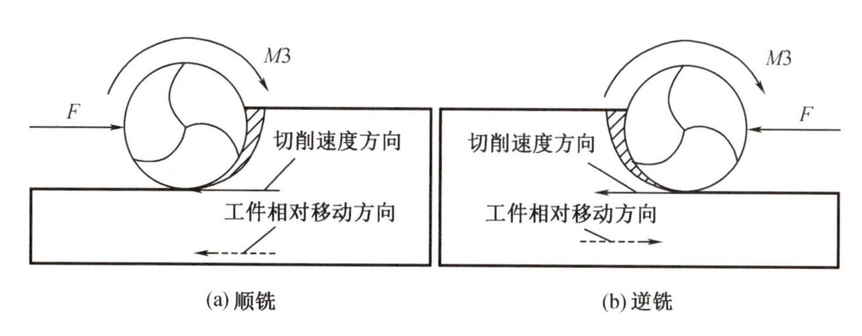

图 2-1-9　顺铣与逆铣

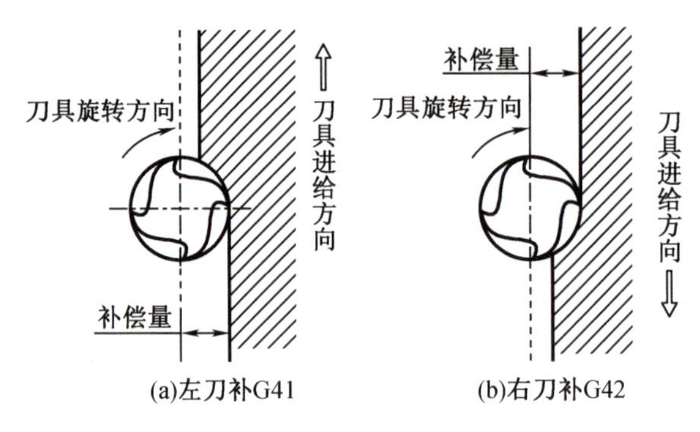

图 2-1-10　刀具补偿方向

(2)切入切出点的选择应该考虑不影响加工质量且编程简单,切入切出时为保证加工质量,应采用“切向切入、切向切出”的原则。

(3)下刀点应根据加工要素,在保证安全和加工质量的前提下,选择在切入切出点附近。

三、编程

垫块零件数控加工程序如表 2-1-6 所示。

表 2-1-6　垫块零件数控加工程序单

程序内容	说明
O2001	
G54;	建立加工坐标系
G00 G90 Z50M03 S800;	绝对编程,Z 向快速定位,主轴正转,转速 800 r/min
X-40 Y-40;	X、Y 向快速定位到下刀位置
Z5;	
G01 Z-4 F200;	下刀
X-37;	去余料加工开始
Y0;	
X-30;	
X-37;	
Y37;	
X0;	
Y30;	
Y37;	
X37;	
Y0;	
X30;	
X37;	
Y-37;	
X0;	
Y-30;	
Y-37;	
X-37;	

表 2-1-6(续)

程序内容	说明
G41 X-32.5 Y-32.5 D01;	建立左刀补,轮廓加工开始,D01=4
Y-8;	
G03 Y8 R8;	
G01 Y27.5;	
G02 X-27.5 Y32.5 R5;	
G01 X-10;	
G03 X10 R10;	
G01 X27.5;	
G02 X32.5 Y27.5 R5;	
G01 Y8;	
G03 Y-8 R8;	
G01 Y-27.5;	
G02 X27.5 Y-32.5 R5;	
G01 X10;	
G03 X-10 R10;	
G01 X-27.5;	
G02 X-32.5 Y-27.5 R5;	
G03 X-37.5 Y-22.5 R5;	切线退刀
G01 G40 Y-40;	取消刀具半径补偿
G00 Z50;	抬刀
M30;	程序结束

四、加工

加工前准备工作:①确保机床开启后回过参考点;②检查机床的快速修调倍率和进给修调倍率,一般快速修调倍率在20%以下,进给修调倍率在50%以下,以防止速度过快导致撞刀。

加工时如果不确定对刀是否正确,可采用单段加工的方式进行。在确定每把刀具在所建立的坐标系中第一个点正确后,可自动加工。执行工作计划表如表2-1-7所示。

表 2-1-7　执行工作计划表

序号	操作流程	工作内容	学习问题反馈
1	开机检查	检查机床→开机→低速热机→回机床参考点(先回 Z 轴,再回 X、Y 轴)	
2	工件装夹	虎钳装夹工件,预留伸出长度大于10 mm	
3	刀具安装	安装 $\phi 8$ mm 的立铣刀	
4	对刀操作	采用试切法对刀。用立铣刀进行 X、Y 方向分中对刀,再对 Z 轴	

表 2-1-7(续)

序号	操作流程	工作内容	学习问题反馈
5	程序检验	锁住机床,调出所需加工程序,在“图形检验”功能下,实现零件加工刀具运动轨迹的检验	
6	零件加工	运行程序,完成零件平面铣削加工。选择单步运行,结合程序观察走刀路线和加工过程	
7	零件检测	用量具检测加工完成的零件	

五、检测

加工完成后对零件的尺寸精度和表面质量做相应的检测,如有误差则分析原因,避免下次加工再出现类似情况。

【任务拓展】

1. 加工图 2-1-11 所示零件,材料为 45 号钢,加工刀具为 $\phi 8$ mm 的键槽铣刀,加工深度为 3 mm。要求:分析零件加工工艺,编制加工程序,并完成该零件加工。

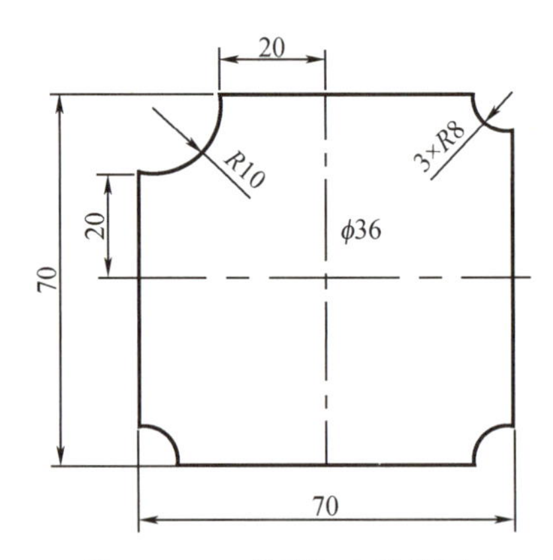

图 2-1-11　轮廓加工实训图 1

2. 加工图 2-1-12 所示零件,材料为 45 号钢,加工刀具为 $\phi 8$ mm 的键槽铣刀,加工深度为 3 mm。要求:分析零件加工工艺,编制加工程序,并完成该零件加工。

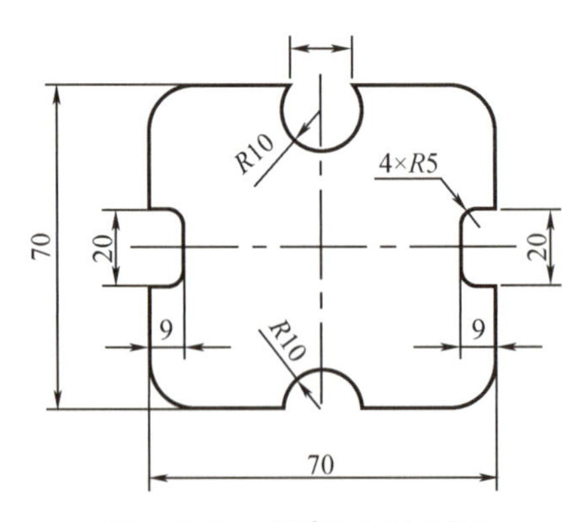

图 2-1-12　轮廓加工实训图 2

【实训报告】

一、实训任务书

<table>
<tr><td>课程名称</td><td colspan="3">数控加工综合实训</td><td>项目 2</td><td>数控铣削加工实训</td></tr>
<tr><td>任务 1</td><td colspan="3">垫块零件数控铣削加工</td><td>建议学时</td><td>4</td></tr>
<tr><td>班级</td><td></td><td>学生姓名</td><td></td><td>工作日期</td><td></td></tr>
<tr><td>实训目标</td><td colspan="5">1. 能够根据外轮廓的加工方法,制定垫块零件铣削加工工艺方案;
2. 能够通过常用的外轮廓加工指令,完成垫块零件的铣削加工编程;
3. 能够将垫块零件正确安装在平口钳上,能够进行立铣刀的正确安装;
4. 能够根据定置化管理要求,规范合理摆放操作加工所需工具、量具;
5. 能够按操作规范正确使用 FANUC 数控铣床,并完成垫块零件的铣削加工;
6. 能够正确使用游标卡尺对零件进行检测;
7. 能够对所完成的零件进行评价及超差原因分析</td></tr>
<tr><td>实训内容</td><td colspan="5">1. 制定垫块零件机械加工工艺过程卡片
会分析垫块零件图样,进而确定零件装夹方案、加工刀具、加工路径、切削参数,并填写机械加工工艺过程卡片。
2. 编制垫块零件数控加工程序
掌握外轮廓加工指令,编写垫块零件的数控加工程序,保证程序的准确性、合理性。
3. 利用数控铣床加工垫块零件
熟悉数控铣床面板各按键的功能,掌握数控铣床的基本操作,利用 FANUC 系统数控铣床加工垫块零件</td></tr>
<tr><td>安全与文明生产要求</td><td colspan="5">操作人员必须熟悉数控铣床使用说明书等有关资料;开机前应对铣床进行全面细致的检查,确认无误后方可操作;铣床开始工作前要预热,认真检查润滑系统工作是否正常,如铣床长时间未开动,可先采用手动方式向各部分供油润滑;数控铣床通电后,检查各开关、按钮和按键是否正常、灵活,铣床有无异常现象;检查电压、油压是否正常</td></tr>
<tr><td>提交成果</td><td colspan="5">实训报告、垫块零件</td></tr>
<tr><td>对学生的要求</td><td colspan="5">1. 具备机械加工工艺、数控编程的基础知识;
2. 具备数控铣床操作的知识;
3. 具备一定的实践动手能力、自学能力、数据计算能力、沟通协调能力、语言表达能力和团队意识;
4. 执行安全、文明生产规范,严格遵守实训车间制度和劳动纪律;
5. 着装规范(工装),不携带与生产无关的物品进入实训场地;
6. 完成“垫块零件数控铣削加工”实训报告,并加工出垫块零件</td></tr>
<tr><td>考核评价</td><td colspan="5">评价内容:程序及工艺评价;机床操作评价;工件质量评价;文明生产评价等。
评价方式:由学生自评(自述、评价,占 10%)、小组评价(分组讨论、评价,占 20%)、教师评价(根据学生学习态度、工作报告及现场抽查知识或技能进行评价,占 70%)构成该同学该任务成绩</td></tr>
</table>

二、实训准备工作

<table>
<tr><td>课程名称</td><td colspan="3">数控加工综合实训</td><td>项目 2</td><td>数控铣削加工实训</td></tr>
<tr><td>任务 2</td><td colspan="3">垫块零件数控铣削加工</td><td>建议学时</td><td>4</td></tr>
<tr><td>班级</td><td></td><td>学生姓名</td><td></td><td>工作日期</td><td></td></tr>
<tr><td>场地准备描述</td><td colspan="5"></td></tr>
<tr><td>设备准备描述</td><td colspan="5"></td></tr>
<tr><td>刀、夹、量、
工具准备描述</td><td colspan="5"></td></tr>
<tr><td>知识准备描述</td><td colspan="5"></td></tr>
</table>

三、实训记录

1. 垫块零件机械加工工艺过程卡

<table>
<tr><td colspan="2">产品名称及型号</td><td></td><td colspan="2">零件名称</td><td colspan="2"></td><td colspan="2">零件图号</td><td colspan="2"></td></tr>
<tr><td rowspan="3">材料</td><td>名称</td><td>45 号钢</td><td rowspan="2">毛坯</td><td>种类</td><td colspan="2">方料</td><td rowspan="2">零件质量/kg</td><td>毛重</td><td rowspan="2"></td><td>共 1 页</td></tr>
<tr><td>牌号</td><td></td><td>尺寸</td><td colspan="2">65 mm×65 mm×20 mm</td><td>净重</td><td>第 1 页</td></tr>
<tr><td>性能</td><td colspan="3"></td><td>每台件数</td><td colspan="2"></td><td>每批件数</td><td colspan="2"></td></tr>
</table>

工序	工步	工序内容	同时加工零件数	切削用量			设备名称及编号	工艺装备名称及编号			技术等级	工时额定	
				背吃刀量/mm	切削速度/(mm/min)	主轴转速/(r/min)		夹具	刀具	量具		单件	准备—终结

抄写		校对		审核		批准	

2. 零件加工程序单

程序内容	程序说明

3. 任务实施情况分析单

任务实施过程	存在的问题	解决的办法
机床操作		
加工程序		
加工工艺		
加工质量		
安全文明生产		

四、考核评价表

考核项目	技术要求	分值	学生自评（10%）	小组评分（20%）	教师评分（70%）	实得分
程序及工艺（15%）	程序正确完整	5				
	切削用量合理	5				
	工艺过程规范合理	5				
机床操作（20%）	刀具选择安装正确	5				
	对刀及工件坐标系设定正确	5				
	机床操作规范	5				
	工件加工正确	5				
工件质量（40%）	尺寸精度符合要求	30				
	表面粗糙度符合要求	8				
	无毛刺	2				
文明生产（15%）	安全操作	5				
	机床维护与保养	5				
	工作场所整理	5				
相关知识及职业能力（10%）	数控加工基础知识	2				
	自学能力	2				
	表达沟通能力	2				
	合作能力	2				
	创新能力	2				
总分		100				

任务 2　管板零件数控铣削加工

【任务描述】

本任务介绍在数控铣床上，采用虎钳对零件装夹定位，加工孔系类零件，如图 2-2-1 所示管板，已知材料为铝，毛坯尺寸为 200 mm×110 mm×42 mm。

孔加工之前，工件外形已经加工到位。要求制定零件加工工艺，编写零件加工程序，最后在数控铣床上进行实际操作加工，并对加工后的零件进行检测、评价。

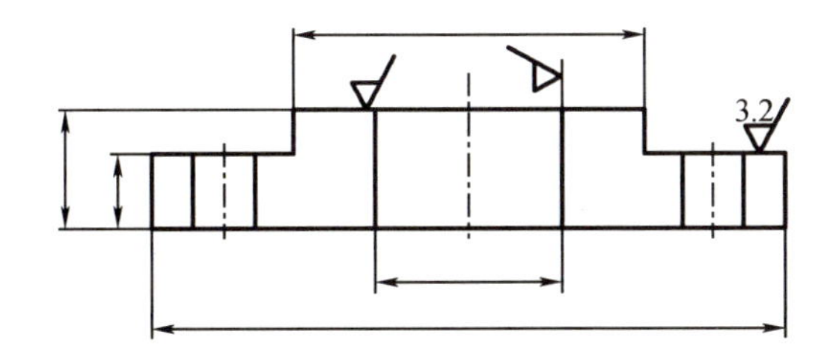

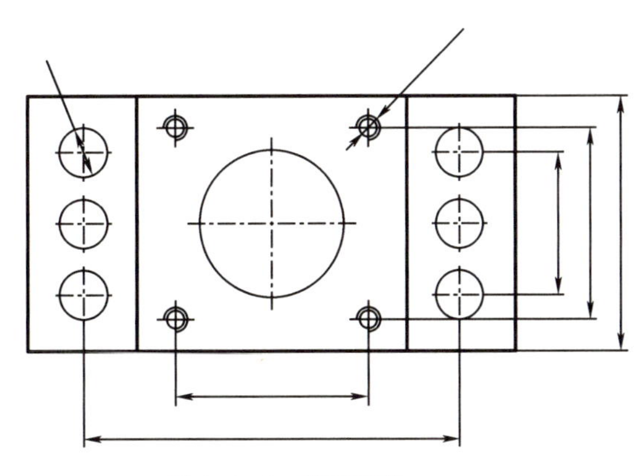

图 2-2-1　管板零件

【任务分析】

管板是机械设备中最常用的孔系类零件,常用在轴的结构支承件中,有大量的轴承孔系,有较高的位置度和平行度要求,也是使用数控铣削加工的典型加工零件。

【相关知识】

一、固定循环

在数控铣床与加工中心上进行孔加工时,通常采用系统配备的固定循环功能进行编程。固定循环主要是指加工孔的固定循环和铣削型腔的固定循环。在前面学习的加工指令中,一般每一个 G 指令都对应机床的一个动作,它需要用一个程序段来实现。为了进一步提高编程效率,系统对一些典型加工中的几个固定、连续的动作规定了一个 G 指令来指定,并用固定循环指令来选择。

FANUC 0i-MC 系统常用的固定循环指令能完成的工作有镗孔、钻孔和攻螺纹等。这些循环通常包括下列六个基本动作,如图 2-2-2 所示。

(1)在 *XY* 平面定位;

(2)快速移动到 *R* 平面;

(3)孔加工;

(4)孔底动作;

(5)返回到 *R* 平面;

(6)返回到起始点。

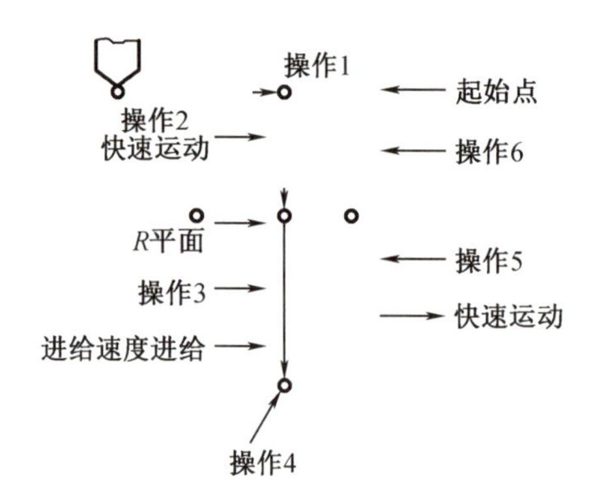

图 2-2-2 固定循环指令动作

图 2-2-2 中的实线表示切削进给,虚线表示快速运动。*R* 平面为在孔口时快速运动与进给运动的转换位置。

二、孔加工指令

1. 高速深孔加工循环指令 G73

格式:G98(G99)G73 X_ Y_ Z_ R_ Q_ P_ K_ F_ L_;

功能:该固定循环用于 *Z* 轴的间歇进给,使深孔加工时容易断屑、排屑、加入切削液且退刀量不大,可以进行深孔的高速加工。

(1)格式说明

X、*Y*:绝对编程时是孔中心在 *XY* 平面内的坐标位置;增量编程时是孔中心在 *XY* 平面内相对于起点的增量值。

R:绝对编程时是参照 *R* 点的坐标值;增量编程时是参照 *R* 点相对于初始 *B* 点的增量值。

Q:每次向下的钻孔深度(增量值,取负)。

Z:绝对编程时是孔底 *Z* 点的坐标值;增量编程时是孔底 *Z* 点相对于参照 *R* 点的增量值。

K:每次向上的退刀量(增量值,取正)。

F:钻孔进给速度。

L:循环次数(一般用于多孔加工,故 *X* 或 *Y* 应为增量值)。

(2)工作步骤

①刀位点快移到孔中心上方 *B* 点→快移接近工件表面,到 *R* 点→向下以 *F* 速度钻孔,深度为 *Q* 量。

②向上快速抬刀,距离为 *K* 量, 如图 2-2-3 所示。

③钻孔到达孔底 *Z* 点。

④孔底延时 *P*(主轴维持旋转状态)。

⑤向上快速退到 *R* 点(G99)或 *B* 点(G98)。

注意:

①如果 *Z*、*K*、*Q* 移动量为零时,G73 指令不执行。

②$|Q|>|K|$。

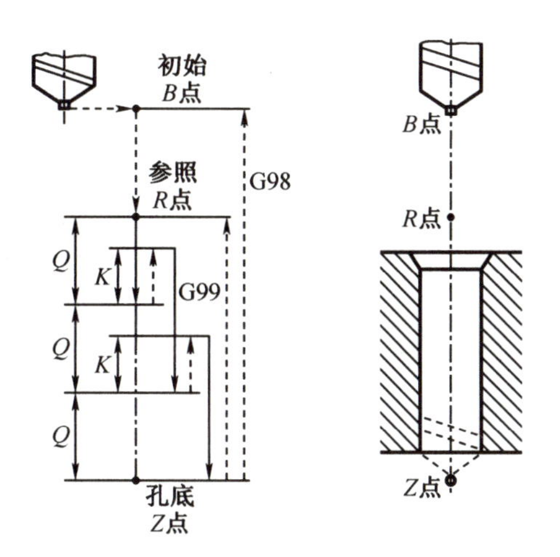

图 2-2-3　高速深孔加工循环指令 G73

2. 攻右旋螺纹循环指令 G74

格式:G98(G99)G74 X_ Y_ Z_ R_ P_ F_ L_;

功能:攻右旋螺纹时,用左旋丝锥主轴反转攻螺纹。攻螺纹时速度倍率不起作用。使用进给保持时,在全部动作结束前也不停止。

(1)格式说明

X、*Y*:绝对编程时是螺孔中心在 *XY* 平面内的坐标位置;增量编程时是螺孔中心在 *XY* 平面内相对于起点的增量值。

Z:绝对编程时是孔底 *Z* 点的坐标值;增量编程时是孔底 *Z* 点相对于参照 *R* 点的增量值。

R:绝对编程时是参照 *R* 点的坐标值;增量编程时是参照 *R* 点相对于初始 *B* 点的增量值。

P:孔底停顿时间,单位 s。

F:螺纹导程。

L:循环次数(一般用于多孔加工, 故 *X* 或 *Y* 应为增量值)。

(2)工作步骤(图 2-2-4)

①主轴在原反转状态下,刀位点快移到起始点 *B* 点。

②快移接近工件表面到 *R* 点。

③向下攻螺纹,主轴转速与进给匹配,保证旋转进给为螺纹导程 *F*。

④攻螺纹到达孔底 *Z* 点。

⑤主轴停转同时进给停止。

⑥主轴正转退出,主轴转速与进给匹配,保证旋转进给为螺纹导程 *F*。

⑦退到 *R* 点(G99)或退到 *R* 点后,快移到 *B* 点(G98)。

注意:*Z* 向的移动量为零时,G74 指令不执行。

3. 精镗循环指令 G76

格式:G98(G99)G76 X_ Y_ Z_ R_ P_ I_ J_ F_ L_;

功能:精镗时,主轴在孔底定向停止后,向刀尖反方向移动,然后快速退刀。刀尖反向位移量用地址 *I*、*J* 指定,其值只能为正值。*I*、*J* 值是模态的,位移方向由装刀时确定。

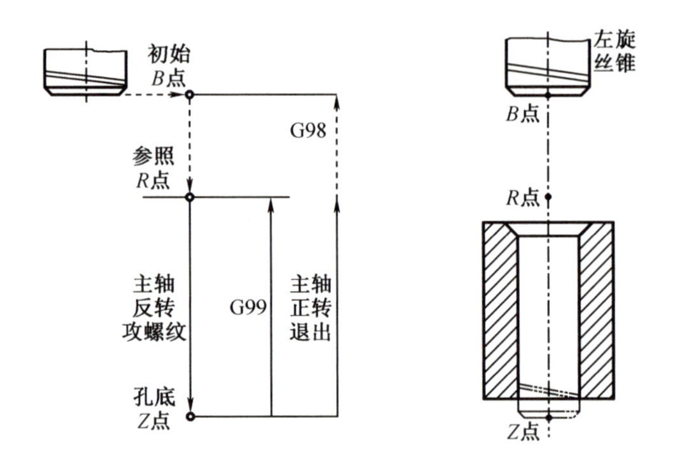

图 2-2-4　攻右旋螺纹循环指令 G74

(1)格式说明

X、*Y*:绝对编程时是孔中心在 *XY* 平面内的坐标位置;增量编程时是孔中心在 *XY* 平面内相对于起点的增量值。

Z:绝对编程时是孔底 *Z* 点的坐标值;增量编程时是孔底 *Z* 点相对于参照 *R* 点的增量值。

R:绝对编程时是参照 *R* 点的坐标值;增量编程时是参照 *R* 点相对于初始 *B* 点的增量值。

I:*X* 轴方向偏移量,只能为正值。

J:*Y* 轴方向偏移量,只能为正值。

P:孔底停顿时间,单位 s。

F:镗孔进给速度。

L:循环次数(一般用于多孔加工,故 *X* 或 *Y* 应为增量值)。

(2)工作步骤(图 2-2-5)

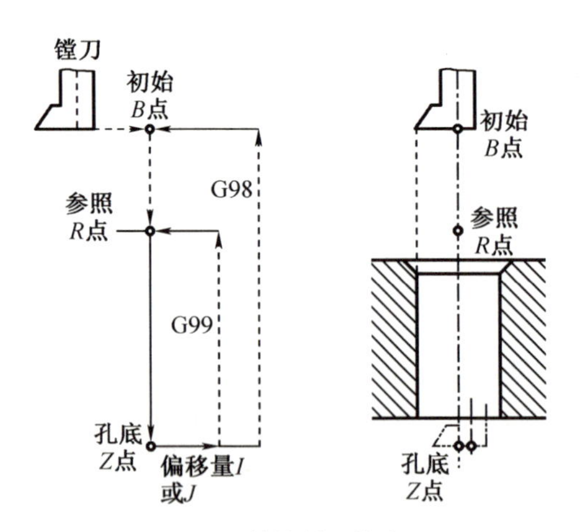

图 2-2-5　精镗循环指令 G76

①刀位点快移到孔中心上方 *B* 点。

②快移接近工件表面,到 *R* 点。

③向下以 F 速度镗孔,到达孔底 Z 点,孔底延时 P(主轴维持旋转状态)。

④主轴定向,停止旋转,镗刀向刀尖反方向快速移动 I 或 J,向上快速退到 R 点高度(G99)或 B 点高度(G98),向刀尖正方向快移 I 或 J,刀位点回到孔中心上方 R 点或 B 点。

⑤主轴恢复正转。

注意:如果 Z 向移动量为零,该指令不执行。

4. 钻孔循环(中心钻)指令 G81

格式:G98(G99)G81 X_ Y_ Z_ R_ F_ L_;

功能:图 2-2-6 所示为 G81 指令的动作循环,包括 X、Y 坐标定位,快进,工进和快速返回等动作。

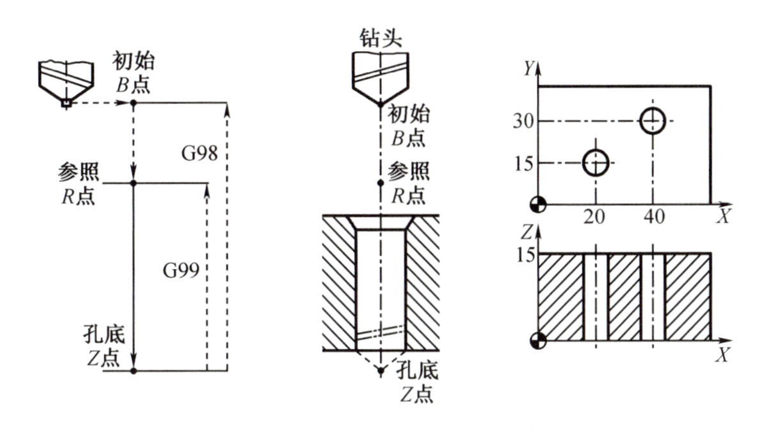

图 2-2-6 钻孔循环(中心钻)指令 G81

(1)格式说明

X、Y:绝对编程时是孔中心在 XY 平面内的坐标位置;增量编程时是孔中心在 XY 平面内相对于起点的增量值。

Z:绝对编程时是孔底 Z 点的坐标值,增量编程时是孔底 Z 点相对于参照 R 点的增量值。

R:绝对编程时是参照 R 点的坐标值,增量编程时是参照 R 点相对于初始 B 点的增量值。

F:钻孔进给速度。

L:循环次数(一般用于多孔加工, 故 X 或 Y 应为增量值)。

(2)工作步骤(图 2-2-6)

①刀位点快移到达孔中心上方 B 点。

②快移接近工件表面到 R 点。

③向下以 F 速度钻孔到达孔底 Z 点。

④主轴维持旋转状态,向上快速退到 R 点(G99)或 B 点(G98)。

注意:如果 Z 向的移动量为零,该指令不执行。

5. 带停顿的钻孔循环指令 G82

格式:G98(G99)G82 X_ Y_ Z_ R_ P_ F_ L_;

功能:此指令主要用于加工沉孔、不通孔,以提高孔深精度。该指令除了要在孔底暂停外,其他动作与 G81 相同。

(1)格式说明

X、*Y*:绝对编程时是孔中心在 *XY* 平面内的坐标位置,增量编程时是孔中心在 *XY* 平面内相对于起点的增量值。

Z:绝对编程时是孔底 *Z* 点的坐标值,增量编程时是孔底 *Z* 点相对于参照 *R* 点的增量值。

R:绝对编程时是参照 *R* 点的坐标值,增量编程时是参照 *R* 点相对于初始 *B* 点的增量值。

P:孔底暂停时间,单位 s。

F:钻孔进给速度。

L:循环次数(一般用于多孔加工的简化编程)。

(2)工作步骤

①刀位点快移到孔中心上方 *B* 点。

②快移接近工件表面,到 *R* 点。

③向下以 *F* 速度钻孔,到达孔底 *Z* 点。

④主轴维持原旋转状态,延时 *P*。

⑤向上快速退到 *R* 点(G99)或 *B* 点(G98)。

注意:如果 *Z* 向的移动量为零,该指令不执行。

6. 深孔加工循环指令 G83

格式:G98(G99)G83 X_ Y_ Z_ R_ Q_ P_ K_ F_ L_;

功能:该固定循环用于 *Z* 轴的间歇进给,每向下钻一次孔后,快速退到参照 *R* 点。退刀量较大,更便于排屑,方便加切削液。

(1)格式说明

X、*Y*:绝对编程时是孔中心在 *XY* 平面内的坐标位置,增量编程时是孔中心在 *XY* 平面内相对于起点的增量值。

Z:绝对编程时是孔底 *Z* 点的坐标值,增量编程时是孔底 *Z* 点相对于参照 *R* 点的增量值。

R:绝对编程时是参照 *R* 点的坐标值,增量编程时是参照 *R* 点相对于初始 *B* 点的增量值。

Q:为每次向下的钻孔深度(增量值,取负)。

P:从初始位置到 *R* 点的距离。

K:距已加工孔深上方的距离(增量值,取正)。

F:钻孔进给速度。

L:循环次数(一般用于多孔加工的简化编程)。

(2)工作步骤(图 2-2-7)

①刀位点快移到孔中心上方 *B* 点。

②快移接近工件表面,到 *R* 点。

③向下以 *F* 速度钻孔,深度为 *Q* 量。

④向上快速抬刀到 *R* 点。

⑤向下快移到已加工孔深上方的 K 处。

⑥向下以 F 速度钻孔，深度为 $Q+K$。

⑦重复步骤④⑤⑥，到达孔底 Z 点。

⑧孔底延时 P(主轴维持原旋转状态)。

⑨向上快速退到 R 点(G99)或 B 点(G98)。

注意:如果 Z、Q、K 的移动量为零,该指令不执行。

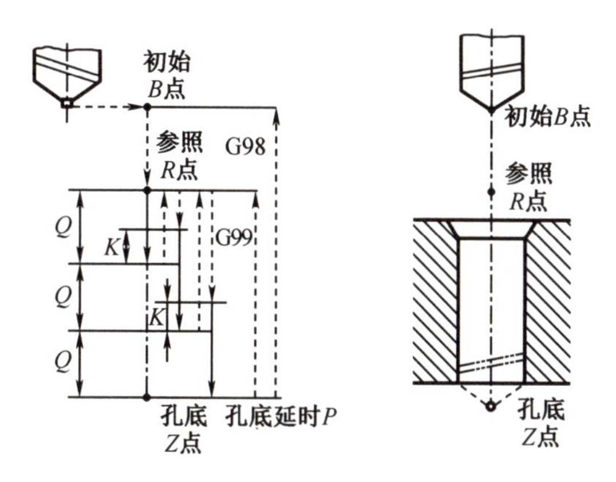

图 2-2-7 深孔加工循环指令 G83

7. 攻螺纹循环指令 G84

格式:G98(G99)G84 X_ Y_ Z_ R_ P_ F_ L_;

功能:攻左旋螺纹时,用右旋丝锥主轴正转攻螺纹。攻螺纹时速度倍率不起作用。使用进给保持时,在全部动作结束前也不停止。

(1)格式说明

X、Y:绝对编程时是螺孔中心在 XY 平面内的坐标位置,增量编程时是螺孔中心在 XY 平面内相对于起点的增量值。

Z:绝对编程时是孔底 Z 点的坐标值,增量编程时是孔底 Z 点相对于参照 R 点的增量值。

R:绝对编程时是参照 R 点的坐标值,增量编程时是参照 R 点相对于初始 B 点的增量值。

P:孔底停顿时间,单位 s。

F:螺纹导程。

L:循环次数(一般用于多孔加工,故 X 或 Y 应为增量值)。

(2)工作步骤(图 2-2-8)

①主轴在原正转状态下,刀位点快移到螺孔中心上方 B 点。

②快移接近工件表面,到 R 点。

③向下攻螺纹,主轴转速与进给匹配,保证转进给为螺纹导程 F。

④攻螺纹到达孔底 Z 点。

⑤主轴停转同时进给停止。

⑥主轴反转退出,主轴转速与进给匹配,保证转进给为螺纹导程 F。

⑦退到 R 点(G99),或退到 R 点后快移到 B 点(G98)。

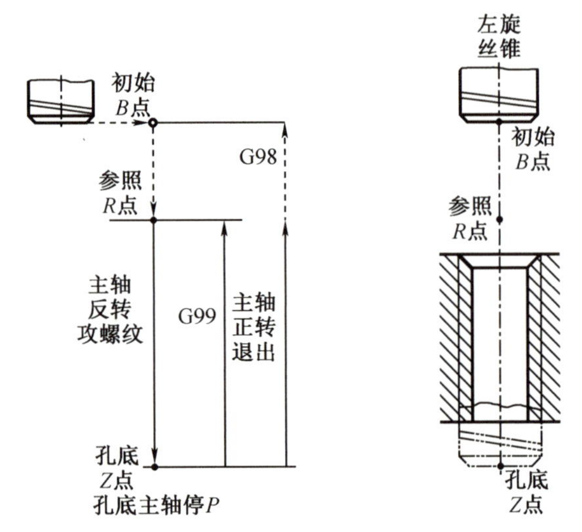

图 2-2-8　攻螺纹循环指令 G84

8. 镗孔循环指令 G85

格式:G98(G99)G85_ X_ Y_ Z_ R_ P_ F_ L_;

功能:该指令主要用于精度要求不太高的镗孔加工。

(1)格式说明

X、Y:绝对编程时是孔中心在 XY 平面内的坐标位置,增量编程时是孔中心在 XY 平面内相对于起点的增量值。

Z:绝对编程时是孔底 Z 点的坐标值;增量编程时是孔底 Z 点相对于参照 R 点的增量值。

R:绝对编程时是参照 R 点的坐标值;增量编程时是参照 R 点相对于初始 B 点的增量值。

P:孔底延时时间,单位 s。

F:钻孔进给速度。

L:循环次数(一般用于多孔加工的简化编程)。

(2)工作步骤(图 2-2-9)

①刀位点快移到孔中心上方 B 点。

②快移接近工件表面,到 R 点。

③向下以 F 速度镗孔。

④到达孔底 Z 点。

⑤孔底延时 P(主轴维持旋转状态)。

⑥向上以 F 速度退到 R 点(主轴维持旋转状态)。

⑦如是 G98 状态,则还要向上快速退到 B 点。

注意:如果 Z、Q、K 的移动量为零,该指令不执行。

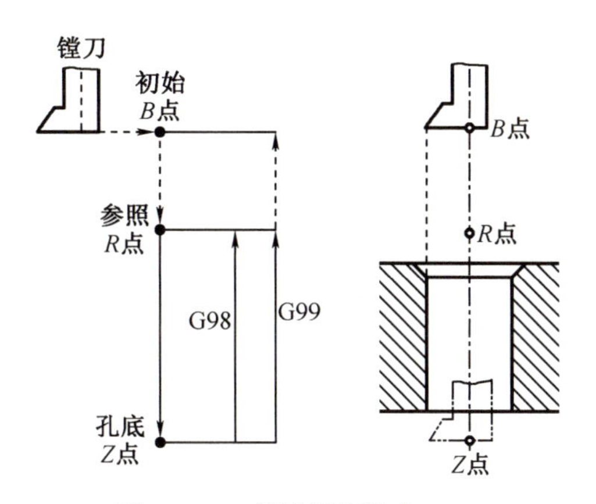

图 2-2-9　镗孔循环指令 G85

9. 镗孔循环指令 G86

格式:G98(G99)G86 X_ Y_ Z_ R_ F_ L_;

功能:此指令与 G81 指令相同,但在孔底时主轴停止,然后快速退回,主要用于精度要求不太高的镗孔加工。

(1)格式说明

X、*Y*:绝对编程时是孔中心在 *XY* 平面内的坐标位置,增量编程时是孔中心在 *XY* 平面内相对于起点的增量值。

Z:绝对编程时是孔底 *Z* 点的坐标值,增量编程时是孔底 *Z* 点相对于参照 *R* 点的增量值。

R:绝对编程时是参照 *R* 点的坐标值;增量编程时是参照 *R* 点相对于初始 *B* 点的增量值。

F:钻孔进给速度。

L:循环次数(一般用于多孔加工的简化编程)。

(2)工作步骤(图 2-2-10)

①刀位点快移到孔中心上方 *B* 点。

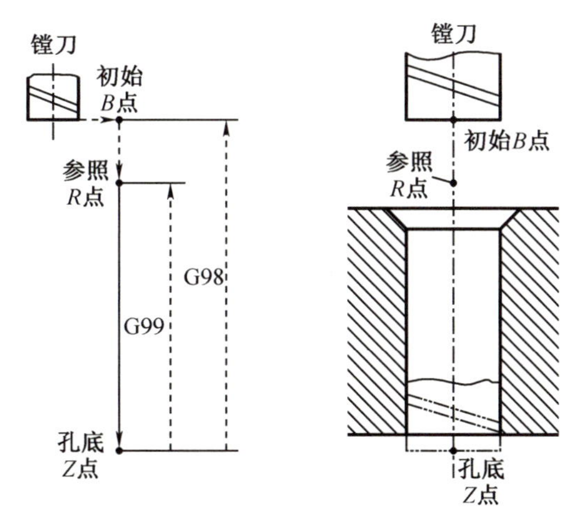

图 2-2-10　镗孔循环指令 G86

②快移接近工件表面,到 *R* 点。

③向下以 *F* 速度镗孔。

④到达孔底 *Z* 点。

⑤孔底延时 *P*(主轴维持旋转状态)。

⑥主轴停止旋转。

⑦向上快速退到 *R* 点(G99)或 *B* 点(G98)。

⑧主轴恢复正转。

注意:如果 *Z* 向的移动位置为零,该指令不执行。

10. 反镗循环指令 G87

格式:G98 G87 X_ Y_ Z_ R_ P_ I_ J_ F_ L_;

功能:该指令一般用于镗削下小上大的孔,其孔底 *Z* 点一般在参照 *R* 点的上方,与其他指令不同。

(1)格式说明

X、*Y*:绝对编程时是孔中心在 *XY* 平面内的坐标位置,增量编程时是孔中心在 *XY* 平面内相对于起点的增量值。

Z:绝对编程时是孔底 *Z* 点的坐标值;增量编程时是孔底 *Z* 点相对于参照 *R* 点的增量值。

R:绝对编程时是参照 *R* 点的坐标值;增量编程时是参照 *R* 点相对于初始 *B* 点的增量值。

I:*X* 轴方向偏移量。

J:*Y* 轴方向偏移量。

P:孔底停顿时间,单位 s。

F:镗孔进给速度。

L:循环次数(一般用于多孔加工, 故 *X* 或 *Y* 应为增量值)。

(2)工作步骤(图 2-2-11)

①刀位点快移到孔中心上方 *B* 点。

②主轴定向,停止旋转。

③镗刀向刀尖反方向快速移动 *I* 或 *J*。

④快速移到 *R* 点,镗刀向刀尖正方向快移 *I* 或 *J*。

⑤刀位点回到孔中心 *X*、*Y* 坐标处。

⑥主轴正转。

⑦向上以 *F* 速度镗孔,到达孔底 *Z* 点。

⑧孔底延时 *P*(主轴维持旋转状态)。

⑨主轴定向,停止旋转。

⑩刀尖反方向快速移动 *I* 或 *J*。

⑪向上快速退到 *R* 点高度(G99)或 *B* 点高度(G98)。

⑫向刀尖正方向快移 *I* 或 *J*,刀位点回到孔中心上方 *B* 点处。

⑬主轴恢复正转。

注意：

①如果 Z 向的移动量为零，该指令不执行。

②此指令不得使用 G99 指令，如使用则提示“固定循环格式错”报警信息。

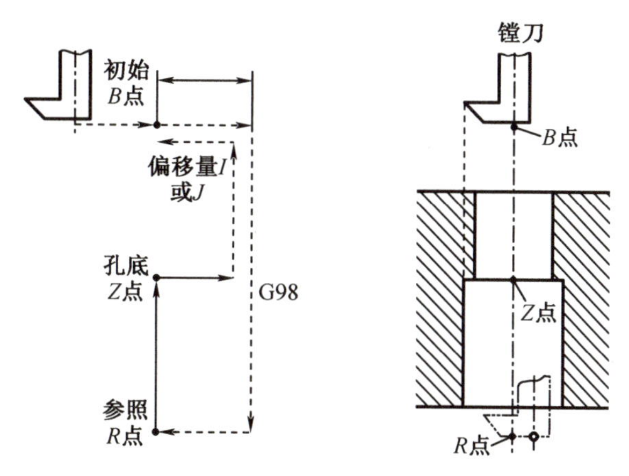

图 2-2-11　反镗循环指令 G87

【任务实施】

一、工具材料领用及准备

工具材料及工作准备如表 2-2-1 所示。

表 2-2-1　工具材料及工作准备

1. 工具/设备/材料

类别	名称	规格型号	单位	数量
工具	机用平口钳	QH160	台	1
	扳手	和机用平口钳匹配	把	1
	平行垫铁		副	1
	木榔头		把	1
	锉刀		套	1
量具	百分表	0~8 mm/0.01 mm	块	1
	磁性表座	CA-Z3	套	1
	游标卡尺	0~150 mm/0.02 mm	把	1
	内径千分尺	5~30 mm/0.01 mm	把	1
	深度游标卡尺	0~200 mm/0.02 mm	把	1
	粗糙度样板	N0~N1 12 级	副	1
刀具	中心钻	A3	把	1
	高速钢钻头	ϕ19 mm、ϕ8.5 mm	把	各 1
	高速钢立铣刀	ϕ16 mm	把	1

表 2-2-1(续)

类别	名称	规格型号	单位	数量
刀具	高速钢铰刀	ϕ20H7	把	1
	丝锥	M10	把	1
	精镗刀	BJ1625-90	套	1
耗材	方料	200 mm×110 mm×42 mm 铝		

2. 工作准备
(1)技术资料:工作任务卡 1 份、教材、FANUC 系统数控操作说明书
(2)工作场地:有良好的照明、通风和消防设施等条件
(3)工具、设备和材料:按“工具/设备/材料”栏目准备相关工具、设备和材料
(4)建议分组实施教学:每 2~3 人为一组,每组准备一台数控铣床。通过分组讨论完成零件的工艺分析及加工工艺方案设计,通过演示和操作训练完成零件的加工
(5)劳动保护:穿戴劳保用品、工作服

二、工艺分析

1. 加工方案

编程坐标系原点设定在零件上表面中心处,为提高加工效率,轴承孔采用钻—扩—镗方式,主轴转速分别为 300 r/min、600 r/min、500 r/min,进给速度分别为 100 mm/min、300 mm/min、100 mm/min;螺纹底孔钻头采用 8.5 mm 钻头,主轴转速为 1 000 r/min,进给速度为 100 mm/min;攻丝采用 M10 丝锥,主轴转速为 150 r/min;安装孔采用钻—铰的方式,主轴转速分别为 300 r/min、100 r/min,进给速度分别为 100 mm/min、50 mm/min,采用虎钳装夹,加工零件外轮廓至尺寸要求。加工前先对刀。具体步骤如下:

(1)编程坐标系原点设定在零件上表面中心处;

(2)钻各孔中心孔;

(3)钻 60、20 底孔,钻至 19.5 mm;

(4)钻 *M*10 底孔,钻至 8.5 mm;

(5)扩孔:扩 ϕ60 mm 孔至 ϕ58 mm;

(6)铰孔:铰 ϕ20 mm 孔;

(7)镗孔:镗准 ϕ60 mm 孔;

(8)攻丝:攻 *M*10。

2. 刀具卡

本任务所需刀具如表 2-2-2 所示。

表 2-2-2 管板零件数控加工刀具卡片

序号	刀具号	刀具名称	数量	加工表面	材料	备注
1	T01	ϕ19 mm 钻头	1	钻中间轴承孔	高速钢	
2	T02	ϕ16 mm 铣刀	1	钻中间轴承孔	硬质合金	
3	T03	精镗刀	1	精镗轴承孔	硬质合金	

表 2-2-2(续)

序号	刀具号	刀具名称	数量	加工表面	材料	备注
4	T04	ϕ8. 5 mm 底孔钻头	1	钻螺纹底孔	高速钢	
5	T05	M10 丝锥	1	攻丝	高速钢	
6	T06	ϕ20 mm 铰刀	1	ϕ20 mm 孔	高速钢	
7	T07	B2. 5 中心钻	1	各孔	高速钢	

3. 拟定数控铣削加工工艺卡片

管板零件数控加工工序如表 2-2-3 所示。

表 2-2-3　管板零件数控加工工序卡片

工步号	工步内容	刀具号	刀具规格	主轴转速/(r/min)	进给速度/(mm/min)	背吃刀量/mm	备注
1	钻中心孔	T07	B2. 5	1 000	300	5	
2	钻底孔	T04	ϕ8. 5 mm	400	100	0. 5	
3	钻孔	T01	ϕ19 mm	600	300	3	
4	扩孔	T02	ϕ16 mm	600	100	3	
5	镗孔	T03	精镗刀	500	200	5	
6	铰孔	T06	ϕ20 mm	200	50	0. 5	
7	攻丝	T05	M10	500	100	0. 5	

三、编程

钻螺纹孔中心孔的程序代码如表 2-2-4 所示。

表 2-4-4　钻螺纹孔中心孔程序

程序内容	说明
O3001	程序名
N10 G00 X0 Y0 Z100. ;	快移
N20 M03 S800;	主轴正转
N30 G99 G81 X0 Y0 R5. Z-3. F100;	钻孔
N40 X-40. Y-40. ;	
N50 X-40. Y40. ;	
N50 X40. Y40. ;	
N50 X40. Y-40. ;	
N80 G90 G00 X0 Y0 Z100. ;	快退
N90 M05;	主轴停转
N100 M30;	程序结束

扩轴承孔的程序代码如表 2-2-5 所示。

表 2-2-5　扩轴承孔程序

程序内容	说明
O4001 N10 G54 G00 X0. Y0. ; N20 M03 S500; N30 G43 Z-45. H02; N40 G00 Z-45. ; N50 G41 G01 X-15. Y0. D01; N60 G02 X-15. Y0. I15. J0. ; N70 G01 X-20. ; N80 G02 X-20. Y0. I20. J0. ; N90 G01 X-25. ; N100 G02 X-25. Y0. I25. J0. ; N110 G01 X-29. 5; N120 G02 X-29. 5 Y0. I29. 5 J0; N130 G40 G01 X0. Y0. ; N140 G49 G00 Z100. ; N150 M05; N160 M30;	

【任务拓展】

1. 加工图 2-2-20 所示零件，材料为 45 号钢，加工刀具为 ϕ8 mm 的键槽铣刀和 ϕ5 mm 的麻花钻。要求：分析零件加工工艺，编制加工程序，并完成该零件加工。

2. 加工图 2-2-21 所示零件，材料为 45 号钢，加工刀具为 ϕ8 mm 的键槽铣刀和 ϕ5 mm 的麻花钻。要求：分析零件加工工艺，编制加工程序，并完成该零件加工。

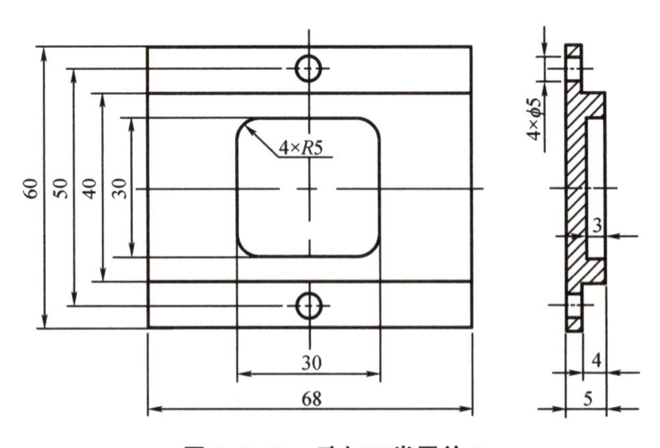

图 2-2-21　孔加工类零件 1

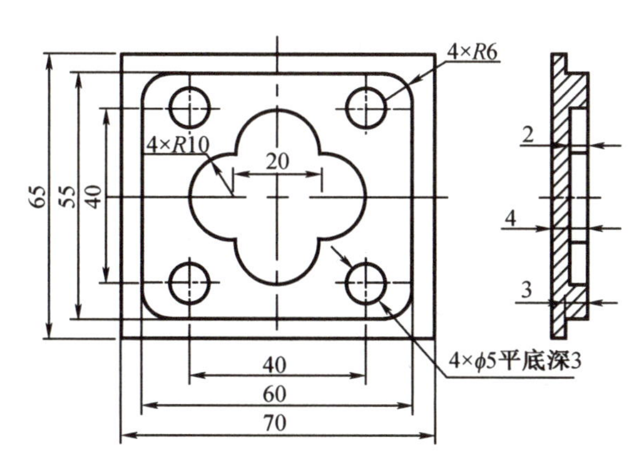

图 2-2-20　孔加工类零件 2

【实训报告】

一、实训任务书

课程名称	数控加工综合实训		项目 2	数控铣削加工实训
任务 1	管板零件数控铣削加工		建议学时	4
班级		学生姓名	工作日期	
实训目标	1. 能够绘制出孔加工固定循环的进给路线; 2. 能够说出 G81、G80 指令的格式及用途; 3. 能够描述 G83、G73 指令的应用与区别; 4. 能够根据孔加工指令,完成钻、扩孔加工程序的编制; 5. 能够操作数控机床,完成钻、扩孔零件的加工			
实训内容	1. 制定管板零件机械加工工艺过程卡片 会分析管板零件图样,进而确定零件装夹方案、加工刀具、加工路径、切削参数,并填写机械加工工艺过程卡片 2. 编制管板零件数控加工程序 掌握孔加工指令,编写管板零件的数控加工程序,并保证程序的准确性、合理性。 3. 利用数控铣床加工管板零件 熟悉数控铣床面板各按键的功能,掌握数控铣床的基本操作,利用 FANUC 系统数控铣床加工管板零件			
安全与文明生产要求	操作人员必须熟悉数控铣床使用说明书等有关资料;开机前应对铣床进行全面细致的检查,确认无误后方可操作;铣床开始工作前要预热,认真检查润滑系统工作是否正常,如铣床长时间未开动,可先采用手动方式向各部分供油润滑;数控铣床通电后,检查各开关、按钮和按键是否正常、灵活,铣床有无异常现象;检查电压、油压是否正常			
提交成果	实训报告、中间转轴零件			

表(续)

对学生的要求	1. 具备机械加工工艺、数控编程的基础知识; 2. 具备数控铣床操作的知识; 3. 具备一定的实践动手能力、自学能力、数据计算能力、沟通协调能力、语言表达能力和团队意识; 4. 执行安全、文明生产规范,严格遵守实训车间制度和劳动纪律; 5. 着装规范(工装),不携带与生产无关的物品进入实训场地; 6. 完成“管板零件数控铣削加工”实训报告,并加工出管板零件
考核评价	评价内容:程序及工艺评价;机床操作评价;工件质量评价;文明生产评价等。 评价方式:由学生自评(自述、评价,占 10%)、小组评价(分组讨论、评价,占 20%)、教师评价(根据学生学习态度、工作报告及现场抽查知识或技能进行评价,占 70%)构成该同学该任务成绩

二、实训准备工作

<table>
<tr><td>课程名称</td><td colspan="2">数控加工综合实训</td><td>项目 2</td><td>数控铣削加工实训</td></tr>
<tr><td>任务 2</td><td colspan="2">管板零件数控铣削加工</td><td>建议学时</td><td>4</td></tr>
<tr><td>班级</td><td></td><td>学生姓名</td><td></td><td>工作日期</td><td></td></tr>
<tr><td>场地准备描述</td><td colspan="5"></td></tr>
<tr><td>设备准备描述</td><td colspan="5"></td></tr>
<tr><td>刀、夹、量、
工具准备描述</td><td colspan="5"></td></tr>
<tr><td>知识准备描述</td><td colspan="5"></td></tr>
</table>

三、实训记录

1. 管板零件机械加工工艺过程卡

<table>
<tr><td colspan="2">产品名称及型号</td><td></td><td colspan="2">零件名称</td><td></td><td colspan="2">零件图号</td><td colspan="2"></td></tr>
<tr><td rowspan="3">材料</td><td>名称</td><td>铝</td><td rowspan="2">毛坯</td><td>种类</td><td>棒料</td><td rowspan="2">零件质量
/kg</td><td>毛重</td><td rowspan="2"></td><td>共 1 页</td></tr>
<tr><td>牌号</td><td></td><td>尺寸</td><td>200 mm×110 mm×42 mm</td><td>净重</td><td>第 1 页</td></tr>
<tr><td>性能</td><td colspan="3"></td><td>每台件数</td><td></td><td>每批件数</td><td colspan="2"></td></tr>
</table>

<table>
<tr><td rowspan="2">工序</td><td rowspan="2">工步</td><td rowspan="2">工序内容</td><td rowspan="2">同时加工
零件数</td><td colspan="3">切削用量</td><td rowspan="2">设备名称
及编号</td><td colspan="3">工艺装备名称及编号</td><td rowspan="2">技术等级</td><td colspan="2">工时额定</td></tr>
<tr><td>背吃刀量
/mm</td><td>切削速度
/(mm/min)</td><td>主轴转速
/(r/min)</td><td>夹具</td><td>刀具</td><td>量具</td><td>单件</td><td>准备—
终结</td></tr>
<tr><td></td><td></td><td></td><td></td><td></td><td></td><td></td><td></td><td></td><td></td><td></td><td></td><td></td><td></td></tr>
<tr><td></td><td></td><td></td><td></td><td></td><td></td><td></td><td></td><td></td><td></td><td></td><td></td><td></td><td></td></tr>
<tr><td></td><td></td><td></td><td></td><td></td><td></td><td></td><td></td><td></td><td></td><td></td><td></td><td></td><td></td></tr>
<tr><td></td><td></td><td></td><td></td><td></td><td></td><td></td><td></td><td></td><td></td><td></td><td></td><td></td><td></td></tr>
<tr><td></td><td></td><td></td><td></td><td></td><td></td><td></td><td></td><td></td><td></td><td></td><td></td><td></td><td></td></tr>
<tr><td></td><td></td><td></td><td></td><td></td><td></td><td></td><td></td><td></td><td></td><td></td><td></td><td></td><td></td></tr>
<tr><td></td><td></td><td></td><td></td><td></td><td></td><td></td><td></td><td></td><td></td><td></td><td></td><td></td><td></td></tr>
<tr><td></td><td></td><td></td><td></td><td></td><td></td><td></td><td></td><td></td><td></td><td></td><td></td><td></td><td></td></tr>
<tr><td></td><td></td><td></td><td></td><td></td><td></td><td></td><td></td><td></td><td></td><td></td><td></td><td></td><td></td></tr>
<tr><td></td><td></td><td></td><td></td><td></td><td></td><td></td><td></td><td></td><td></td><td></td><td></td><td></td><td></td></tr>
<tr><td></td><td></td><td></td><td></td><td></td><td></td><td></td><td></td><td></td><td></td><td></td><td></td><td></td><td></td></tr>
<tr><td></td><td></td><td></td><td></td><td></td><td></td><td></td><td></td><td></td><td></td><td></td><td></td><td></td><td></td></tr>
<tr><td colspan="2">抄写</td><td colspan="2"></td><td colspan="2">校对</td><td colspan="2"></td><td colspan="2">审核</td><td colspan="2"></td><td>批准</td><td></td></tr>
</table>

2. 零件加工程序单

程序内容	程序说明

3. 任务实施情况分析单

任务实施过程	存在的问题	解决的办法
机床操作		
加工程序		
加工工艺		
加工质量		
安全文明生产		

四、考核评价表

考核项目	技术要求	分值	学生自评（10%）	小组评分（20%）	教师评分（70%）	实得分
程序及工艺（15%）	程序正确完整	5				
	切削用量合理	5				
	工艺过程规范合理	5				
机床操作（20%）	刀具选择安装正确	5				
	对刀及工件坐标系设定正确	5				
	机床操作规范	5				
	工件加工正确	5				
工件质量（40%）	尺寸精度符合要求	30				
	表面粗糙度符合要求	8				
	无毛刺	2				
文明生产（15%）	安全操作	5				
	机床维护与保养	5				
	工作场所整理	5				
相关知识及职业能力（10%）	数控加工基础知识	2				
	自学能力	2				
	表达沟通能力	2				
	合作能力	2				
	创新能力	2				
总分		100				

任务 3　型腔零件数控铣削加工

【任务描述】

本任务介绍在数控铣床上，采用平口钳对零件装夹定位，加工如图 2-3-1 所示型腔零件的内轮廓，加工深度为 4 mm，毛坯材料为铝。

要求制定零件加工工艺，编写零件加工程序，最后在数控铣床上进行实际操作加工，并对加工后的零件进行检测、评价。

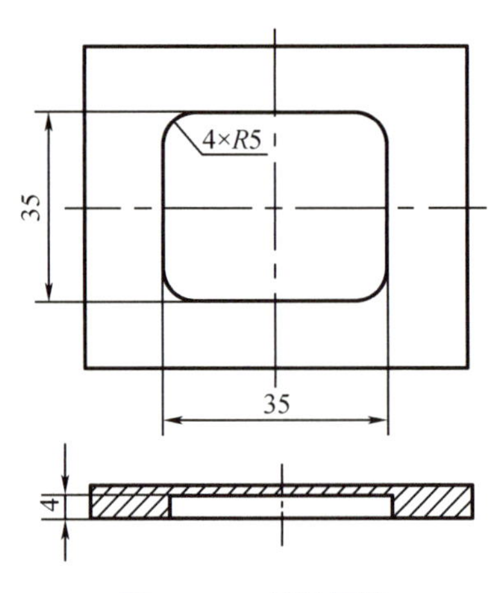

图 2-3-1 型腔零件

【任务分析】

型腔零件是机械设备中最常用的内轮廓类零件，常用在各类支承件结构中，内轮廓主要由直线和圆弧组成，是使用数控铣削加工的最典型的加工零件。

【相关知识】

一、零件加工操作

1. 机床开机

步骤：打开空气开关→机床电源→打开急停按键。

注意：机床开机之后检查电压、气压、液压是否符合要求，检查面板上的指示灯是否正常，检查风扇电机运转是否正常。

2. 回参考点

步骤：按“回零”键。

按一下“+X”（*X* 轴回到机床原点）。

按一下“+Y”（*Y* 轴回到机床原点）。

按一下“+Z”（*Z* 轴回到机床原点）。

所有轴回参考点后，即建立了机床坐标系。

注意：回参考点时应先回 *Z* 轴再回 *X*、*Y* 轴，避免主轴与夹具等附件相撞。在回参考点过程中，若出现超程，请按住控制面板上的“超程解除”按键，向相反方向手动移动该轴使其退出超程状态。

3. 手动移动工作台

步骤：按“手动”按键。

按“+X”或“-X”键，*X* 轴将向正向或负向连续移动。

按“+Y”或“-Y”键，*Y* 轴将向正向或负向连续移动。

按“+Z”或“-Z”键，*Z* 轴将向正向或负向连续移动。

提示：同时按多个方向的轴手动按键，每次能手动连续移动多个坐标轴。手动移动时，可以同时按住“快进”按键，实现快速移动。移动的速度可以通过“进给修调”来调整进给的速度倍率。

4. 手摇进给

步骤:按“增量”按键,系统处于手摇进给方式,可手摇进给机床坐标轴。

手持单元的坐标轴选择波段开关置于“X”挡。

旋转手摇脉冲发生器,可控制 X 轴正、负向运动。

顺时针/逆时针旋转手摇脉冲发生器一格,X 轴将向正向或负向移动一个增量值。

提示:用同样的方法可以控制 Y 轴、Z 轴正向或负向移动,每次只能增量进给一个坐标轴。手摇进给的增量值由增量倍率波段控制,增量倍率波段对应关系如表 2-3-1 所示。

表 2-3-1　手持单元移动倍率对照表

位置	×1	×10	×100
增量值/mm	0.001	0.01	0.1

5. 机用平口钳的安装

平口钳的安装步骤如下:

(1)清洁机床工作台面和机用平口钳底面,检查平口钳底部的定位键是否紧固,定位键的定位面是否同一方向安装。

(2)将机用平口钳安装在工作台中间的 T 形槽内,如图 2-3-2 所示,钳口位置居中,并且用手拉动平口钳底盘,使定位键与 T 形槽直槽一侧贴合。

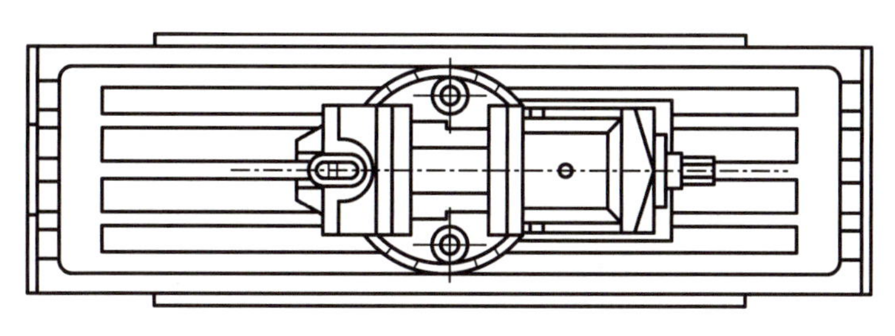

图 2-3-2　机用平口钳的安装

(3)用 T 形螺栓将机用平口钳压紧在铣床工作台面上。

6. 机用平口钳的校正

(1)松开机用平口钳上体与转盘底座的紧固螺母,将机用平口钳水平回转 90°,并稍稍带紧紧固螺母。

(2)将百分表座固定在机场主轴上,或者将磁性表座吸附在机床立柱的外壳上。

(3)将百分表测头接触机用平口钳固定钳口,如 2-3-3 所示。

(4)手动沿 X(或 Z)轴方向往复移动工作台,观察百分表指针,校正钳口对 X(或 Z)轴方向的平行度,百分表指针变化范围不要超过 0.02 mm。

(5)拧紧紧固螺母。

(6)将百分表座从机床主轴上卸下。

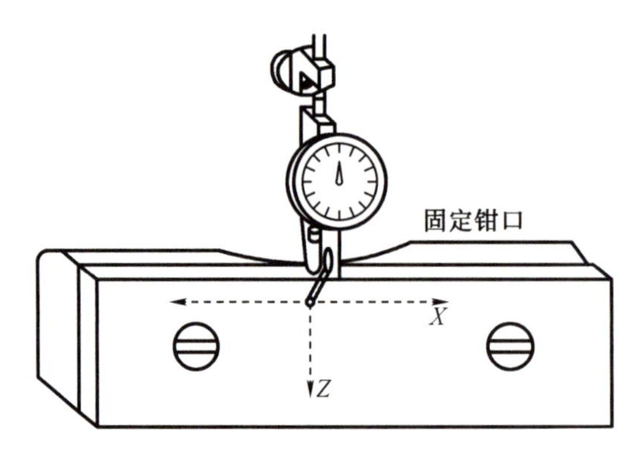

图 2-3-3　机用平口钳的校正

7. 工件装夹

在把工件毛坯装夹在虎钳内时，必须注意毛坯表面的状况，若是粗糙不平或有硬皮的表面，就必须在两钳口上垫紫铜皮。对粗糙度值小的平面在夹到钳口内时垫薄的铜皮。为便于加工，在加工时要选择适当厚度的垫铁垫在工件下面，使工件的加工面高出钳口。高出的尺寸，以能把加工余量全部切完而不致切到钳口为宜。具体步骤如下：

(1)清洁平行垫铁；

(2)清洁机用平口钳的钳口部位；

(3)将垫铁放置在平口钳钳口内适当位置；

(4)清洁工件，去除装夹部位的毛刺；

(5)将工件装夹在平口钳上，并稍紧；

(6)用木榔头敲击工件上表面，边夹边敲，直至垫铁抽不出来。

8. 对刀操作(建立工件坐标系)

数控铣床对刀通过刀具或者对刀工具确定工件坐标系与机床坐标系之间的空间位置关系，并将对刀数据输入数控系统相应的存储位置。

(1)对刀设置工件坐标系操作

编程前要先在零件图纸上建立工件坐标系，本任务中假设工件坐标系，本任务中假设工作坐标系建立在工件中心与上表面的交点处。

(2)使用离心式寻边器在 *XY* 平面进行找正

寻边器主要用于确定工件坐标系原点在机床坐标系中的 *X*、*Y* 零点偏置值，也可测量工件的简单尺寸，是高精度测量工具，能快速而容易地设定机械主轴与加工物基准面的精确中心位置；高精度与重现性足以胜任钻、铣、镗、研磨等精密定位工作。图 2-3-4 所示为离心式寻边器。

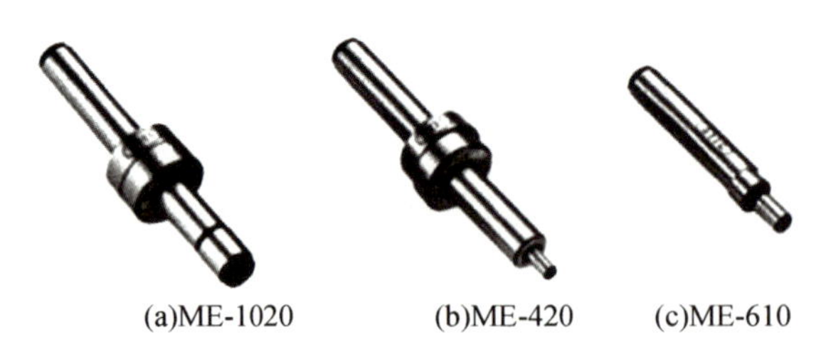

图 2-3-4　离心式寻边器

当零件的几何形状为矩形时，可采用离心式寻边器来进行程序原点的找正。图 2-3-5

所示为离心式寻边器在工件上对 X、Y 方向的找正。

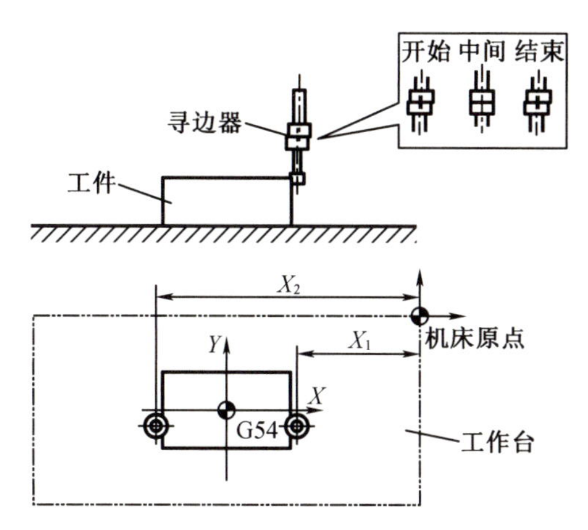

图 2-3-5　离心式寻边器对刀示意图

9. 程序输入与检查校验

将零件加工程序输入数控系统，并校验检查。

（1）编辑新程序

主菜单（F10）→程序（F1）→程序编辑（F2）→新建程序（F3）→输入新文件名→Enter→（进入编辑区）编辑程序→保存文件（F4）→Enter。

（2）选择已有程序编辑

主菜单（F10）→程序（F1）→选择程序（F1）→（光标键）选择程序文件名后按 Enter 键。

（3）后台编辑已有程序

扩展菜单（F10）→后台编辑（F8）→文件选择（F2）→（利用光标移动键）选择程序文件名后按 Enter 键→（进入编辑区）编辑程序→保存文件（F4）→Enter。

（4）后台编辑新程序

扩展菜单（F10）→后台编辑（F8）→新建程序（F3）→输入新文件名：（Oxxxx）→Enter→（进入编辑区）编辑程序→保存文件（F4）→Enter。

（5）程序删除

主菜单（F10）→程序（F1）→选择程序（F1）→（利用光标键）选择程序文件名→Del。

（6）程序另存（程序拷贝）

主菜单（F10）→程序（F1）→选择程序（F1）→（光标键）选择程序文件名后按 Enter 键→程序编辑（F2）→（进入编辑区）编辑程序→保存文件（F4）→将原程序名更改为新程序名→Enter。

（7）程序校验

选择手动方式→机床锁住→自动→主菜单（F10）→程序（F1）→选择程序（F1）→利用光标上下键选择需要程序的文件名，并按 Enter 键确认→程序校验（F5）→按软功能键 F9 将屏幕切换到轨迹界面→循环启动→观察程序运行的轨迹，检查程序的正确性。

注意：若运行当前程序可以省略选择程序步骤；若不选择“程序校验（F5）”直接循环启动则机床会运行程序进行加工；若选择“程序校验（F5）”可以不锁住机床，循环启动后系统会快速进行轨迹校验。为了避免误操作导致程序在没有校验正确之前进行加工，应该锁住机床进行校验。

二、数控铣对刀方法

1. 对刀前准备工作

(1)三坐标机械归零

在进行任何作业之前必须三坐标机械归零。

(2)刀盘换刀

①Z 坐标归零后,打至手动资料输入,在【PROG】MDI 环境下输入“M06 TX;”(X 为刀号,左下角可以看到)。

②按【INSERT】键。

③按【↑】键。

④按绿色启动按钮。

按照工艺卡上的要求一一对应换好所有刀具。

2. X、Y 坐标对刀(一般情况下都是两个方向分中对刀,如果编程不同,需要单方向对中,请在工艺卡上注明)

(1)换刀为分中棒刀位(常用为 1 号刀位),给予转速

①打至手动编程处,在【PROG】MDI 环境下输入 “M03 S500;”。

②按【INSERT】键。

③按【↑】键。

④按绿色启动按钮。

(2)X 方向寻找中点

①通过手摇操作,分中棒碰到零件 X 方向的一边。

②在 POS 相对坐标环境下,输入“X”,按“起源”(或者按“X0.”,按“setting”)。

③通过手摇操作,分中棒碰到零件相对另一边。

④在 POS 相对坐标环境下,记录下 X 轴当前数值,通过手摇至当前数值的一半,然后输入“X”,按“起源”(或者按“X0.”,按“setting”);或者在当前位置输入“X+一半当前数值”,按“setting”。

⑤在 OFS/SET 下坐标系里的 G54 的 X 数值处,按“X0.”,按“测量”,找到当前 X 为 0 点时的绝对机械坐标处。

(3)Y 方向寻找中点

①通过手摇操作,分中棒碰到零件 Y 方向的一边。

②在 POS 相对坐标环境下,输入“Y”,按“起源”(或者按“Y0.”,按“setting”)。

③通过手摇操作,分中棒碰到零件相对另一边。

④在 POS 相对坐标环境下,记录下 Y 轴当前数值,通过手摇至当前数值的一半,然后输入“Y”,按“起源”(或者按“Y0.”,按“setting”);或者在当前位置输入“Y+一半当前数值”,按“setting”。

⑤在 OFS/SET 下坐标系里的 G54 的 Y 数值处,按“Y0.”,按“测量”,找到当前 Y 为 0 点时的绝对机械坐标处。

3. Z 坐标对刀(除分中棒之外,每把刀具都要进行对刀操作)

(1)换至任意一把刀具

①通过手摇至与工件相差一把刀位置处(一般使用 ϕ10 mm 刀,这样做避免对刀时伤害工件表面)。

②在 POS 相对坐标环境下,输入“Z”,按“起源”(或者按“Z0.”,按“setting”)。

③在 OFS/SET 下坐标系里的 G54 的 Z 数值处,按“Z0.”,按“测量”,找到当前 Z 为 0 点时的绝对机械坐标处。

④在补偿环境下,在对应刀号的形状补偿 D 下输入“-10”,在外径补偿 D 处输入一半刀具数值(如果刀具是 ϕ8 mm 平铣刀,则输入“ϕ8 mm”)。

⑤按照前一把刀具操作方式,对每一把刀具进行对刀,在 POS 相对坐标环境下,记录下当前 Z 值,在补偿环境下,在对应刀号的形状补偿 H 下输入“当前值-10”(如当前数值为 5,则输入 5-10=-5;如果当前值为-8,则输入-8-10=-18),在外径补偿处输入一半刀具数值。

(2)验证 Z 方向对刀是否准确

①三方向机械坐标归零。

②手动编程环境下输入“GO G90 G54 G43 H(当前刀号) Z10.;”。

③按【INSERT】键。

④按【↑】键。

⑤按绿色启动按钮。

⑥手摇工件至刀具处,验证对刀是否准确。

在对刀结束后,将三坐标机械归零所有进给速率调至最低,将旋钮打至外部传输,按下绿色按钮,等待电脑传输程序,成功后观察机器操作,有问题立即停止,没发现问题则恢复要求进给和转速正常工作。

三、内轮廓的加工工艺分析

1. 工具、量具、刀具的选择

(1)工具的选择

工件采用机用虎钳装夹,采用试切法对刀。

(2)量具的选择

轮廓尺寸用游标卡尺测量,深度尺寸用游标深度卡尺测量,表面质量用表面粗糙度样板测量,用百分表找正机用虎钳及工件上表面。

(3)刀具的选择

内轮廓铣削刀具半径必须小于内轮廓最小圆弧半径,否则将无法加工出内轮廓圆弧。

2. 加工内轮廓时的 Z 向进刀方式

内轮廓加工过程中的主要问题是如何进行 Z 向的进给。通常,所选刀具的种类不同,其进给方式也各不相同。常用的内轮廓加工 Z 向进给方式主要有以下几种。

(1)垂直进给

如图 2-3-6 所示,采用这种进给方式切削时,刀具中心的切削线速度为零,不能采用立铣刀进行加工,应采用键槽铣刀进行加工,即使如此也应选择较低的切削速度。

(2)斜线进给

如图 2-3-7 所示,采用立铣刀加工内轮廓时,可采用斜线方式进给,从而避免刀具中心部分参与切削。但这种进给方式无法实现 Z 向进给与轮廓加工的平滑过渡,容易产生加工痕迹。

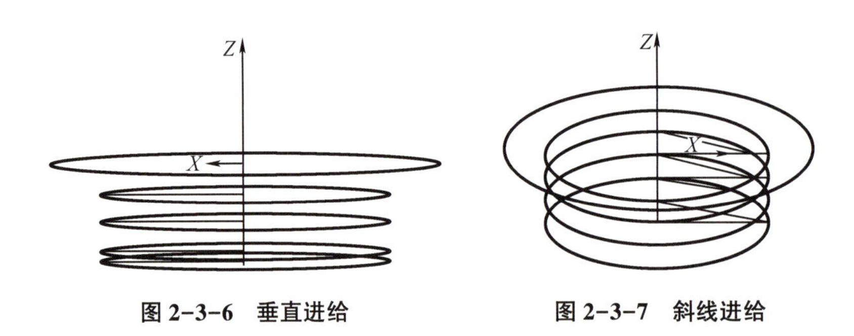

图 2-3-6　垂直进给　　图 2-3-7　斜线进给

(3)螺旋进给

采用三轴联动的另一种进给方式是螺旋线进给,这种进给方式容易实现 Z 向进给与轮廓加工的自然平滑过渡,不会产生加工过程中的刀具接痕。因此,手工编程和自动编程的内轮廓铣削中广泛使用这种进给方式。这种进给刀具轨迹如图 2-3-8 所示。

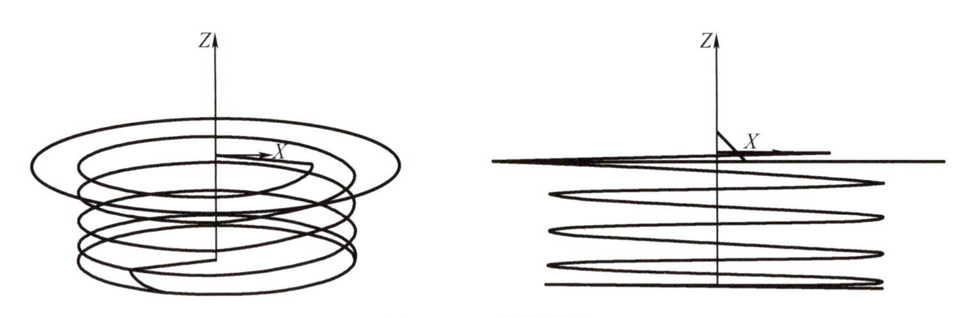

图 2-3-8　螺旋进给

【任务实施】

一、工具材料领用及准备

工具材料及工作准备如表 2-3-2 所示。

表 2-3-2　工具材料及工作准备

1. 工具/设备/材料				
类别	名称	规格型号	单位	数量
工具	机用平口钳	QH160	台	1
	扳手	和机用平口钳匹配	把	1
	平行垫铁		副	1
	木榔头		把	1
	锉刀		套	1

表 2-3-2(续)

类别	名称	规格型号	单位	数量
量具	百分表	0~8 mm/0.01 mm	块	1
	磁性表座	CA-Z3	套	1
	游标卡尺	0~150 mm/0.02 mm	把	1
	深度游标卡尺	0~200 mm/0.02 mm	把	1
	粗糙度样板	N0~N1 12 级	副	1
刀具	高速钢立铣刀	ϕ8 mm	把	1
耗材	方料	65 mm×65 mm×20 mm 铝		
2. 工作准备				
(1)技术资料:工作任务卡 1 份、教材、FANUC 系统数控操作说明书				
(2)工作场地:有良好的照明、通风和消防设施等条件				
(3)工具、设备和材料:按"工具/设备/材料"栏目准备相关工具、设备和材料				
(4)建议分组实施教学:每 2~3 人为一组,每组准备一台数控铣床。通过分组讨论完成零件的工艺分析及加工工艺方案设计,通过演示和操作训练完成零件的加工				
(5)劳动保护:穿戴劳保用品、工作服				

二、工艺分析

1. 确定装夹方案和定位基准

零件毛坯为方形,所以采用机用平口钳装夹,如图 2-3-9 所示,用百分表校正机用平口钳。铅垂面定位基准为零件的底面,另一定位基准为零件与固定钳口接触的侧面。编程原点和加工原点在工件上表面中心位置。

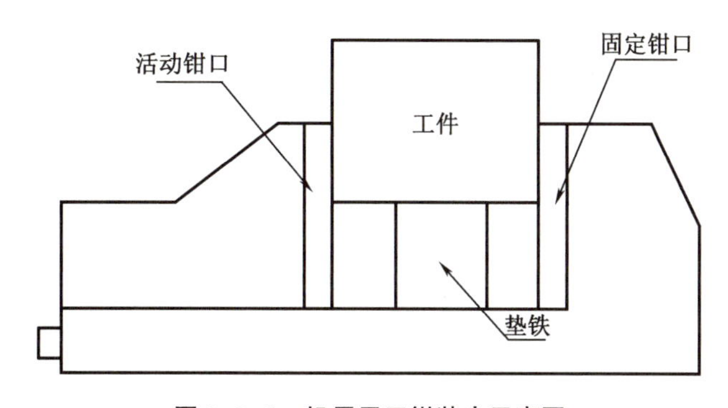

图 2-3-9　机用平口钳装夹示意图

2. 选择刀具及切削用量

选择刀具时需要根据零件结构特征确定刀具类型。

本任务中,内圆弧半径为 $R5$ mm,所选择的铣刀直径应小于 ϕ10 mm。此零件只有内腔加工,应选择立铣刀。所以此零件加工可选择 ϕ8 mm 的立铣刀。零件材料为铝,刀具材料可选择高速钢。零件的加工深度为 4 mm,侧吃刀量不大,可一刀切完。根据零件的精度要求和工序安排确定刀具规格及切削参数,如表 2-3-3 所示。

表 2-3-3　刀具及切削参数表

加工工序	刀具类型	主轴转速/(r/min)	进给速度/(mm/min)
铣削内腔	ϕ8 mm 立铣刀	800	200

3. 确定加工顺序及进给路线

在确定加工路线时,主要考虑顺逆铣、切入切出点和下刀点三个问题。

切入切出点的选择应该考虑不影响加工质量且编程简单,切入切出时为保证加工质量,应采用“切向切入、切向切出”的原则。

下刀点应根据加工要素,在保证安全和加工质量的前提下,选择在切入切出点附近。

三、编程

型腔零件数控加工程序如表 2-3-4 所示。

表 2-3-4　型腔零件数控加工程序单

程序内容	说明
O3001	程序号
G54;	建立加工坐标系
G00 G90 Z50M03 S800;	绝对编程,Z 向快速定位,主轴正转,转速 800 r/min
X-12 Y0;	
Z5;	
G01 Z0 F200;	
X12 Z-2;	斜线下刀开始
X-12 Z-4;	
X12;	切除余料开始
Y-7;	
X-12;	
Y-2;	
X12;	
Y2;	
X-12;	
Y7;	
X12;	
X12;	
X-12;	
G41 X-17.5 Y12.5 D01;	建立左刀补,轮廓加工开始
Y-12.5;	
G03 X-12.5 Y-17.5 R5;	
G01X12.5;	
G03 X17.5 Y-12.5 R5;	

表 2-3-4(续)

程序内容	说明
G01 Y12.5;	
G03 X12.5 Y17.5 R5;	
G01 X-12.5;	
G03 X-17.5 Y12.5 R5;	
G40 G01 X-10;	取消刀具半径补偿
G00 Z50;	抬刀
M30;	程序结束

四、加工

加工前准备工作:①确保机床开启后回过参考点;②检查机床的快速修调倍率和进给修调倍率,一般快速修调倍率在 20%以下,进给修调倍率在 50%以下,以防止速度过快导致撞刀。

加工时如果不确定对刀是否正确,可采用单段加工的方式进行。在确定每把刀具在所建立的坐标系中第一个点正确后,可自动加工。执行工作计划表如表 2-3-5 所示。

表 2-3-5　执行工作计划表

序号	操作流程	工作内容	学习问题反馈
1	开机检查	检查机床→开机→低速热机→回机床参考点(先回 Z 轴,再回 X、Y 轴)	
2	工件装夹	虎钳装夹工件,预留伸出长度大于 10 mm	
3	刀具安装	安装 ϕ8 mm 立铣刀	
4	对刀操作	采用试切法对刀。用立铣刀进行 X、Y 轴方向分中对刀,再对 Z 轴	
5	程序检验	锁住机床,调出所需加工程序,在“图形检验”功能下,实现零件加工刀具运动轨迹的检验	
6	零件加工	运行程序,完成零件平面铣削加工。选择单步运行,结合程序观察走刀路线和加工过程	
7	零件检测	用量具检测加工完成的零件	

五、检测

加工完成后对零件的尺寸精度和表面质量做相应的检测,如有误差则分析其原因,避免下次加工再出现类似情况。

【任务拓展】

1. 加工图 2-3-10 所示零件,材料为 45 号钢,加工刀具为 ϕ8 mm 键槽铣刀,加工深度为 3 mm。要求:分析零件加工工艺,编制加工程序,并完成该零件加工。

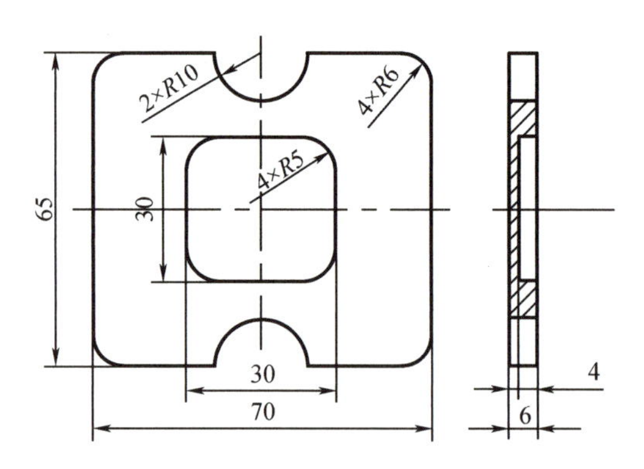

图 2-3-10 型腔零件 1

2. 加工图 2-3-11 所示零件，材料为 45 号钢，加工刀具为 $\phi8$ mm 键槽铣刀，加工深度为 3 mm。要求：分析零件加工工艺，编制加工程序，并完成该零件加工。

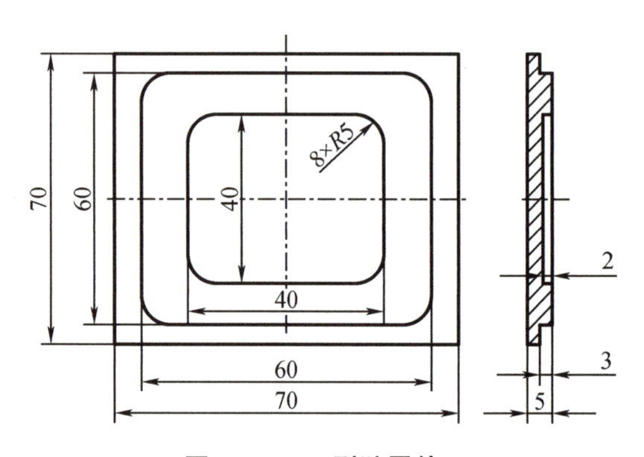

图 2-3-11 型腔零件 2

【实训报告】

一、实训任务书

课程名称	数控加工综合实训		项目 2	数控铣削加工实训
任务 3	型腔零件数控铣削加工		建议学时	4
班级		学生姓名	工作日期	
实训目标	1. 能够根据内轮廓的加工方法，制定型腔零件铣削加工工艺方案； 2. 能够通过常用的内轮廓加工指令，完成型腔零件的铣削加工编程； 3. 能够将型腔零件正确安装在平口钳上，能够进行立铣刀的正确安装； 4. 能够根据定置化管理要求，规范合理摆放操作加工所需工具、量具； 5. 能够按操作规范正确使用 FANUC 系统数控铣床，并完成型腔零件的铣削加工； 6. 能够正确使用游标卡尺对零件进行检测； 7. 能够对所完成的零件进行评价及超差原因分析			

表(续)

实训内容	1. 制定型腔零件机械加工工艺过程卡片 会分析型腔零件图样,进而确定零件装夹方案、确定加工刀具、确定加工路径、确定切削参数,并填写机械加工工艺过程卡片。 2. 编制型腔零件数控加工程序 掌握内轮廓加工指令,编写型腔零件的数控加工程序,保证程序的准确性、合理性。 3. 利用数控铣床加工型腔零件 熟悉数控铣床面板各按键的功能,掌握数控铣床的基本操作,利用 FANUC 系统数控铣床加工型腔零件
安全与文明生产要求	操作人员必须熟悉数控铣床使用说明书等有关资料;开机前对铣床进行全面细致的检查,确认无误后方可操作;铣床开始工作前要有预热,认真检查润滑系统工作是否正常,如铣床长时间未开动,先采用手动方式向各部分供油润滑;数控铣床通电后,检查各开关、按钮和按键是否正常、灵活,铣床有无异常现象;检查电压、油压是否正常
提交成果	实训报告、型腔零件
对学生的要求	1. 具备机械加工工艺、数控编程的基础知识; 2. 具备数控铣床操作的知识; 3. 具备一定的实践动手能力、自学能力、数据计算能力、沟通协调能力、语言表达能力和团队意识; 4. 执行安全、文明生产规范,严格遵守实训车间制度和劳动纪律; 5. 着装规范(工装),不携带与生产无关的物品进入实训场地; 6. 完成"型腔零件数控铣削加工"实训报告,并加工出型腔零件
考核评价	评价内容:程序及工艺评价;机床操作评价;工件质量评价;文明生产评价等。 评价方式:由学生自评(自述、评价,占 10%)、小组评价(分组讨论、评价,占 20%)、教师评价(根据学生学习态度、工作报告及现场抽查知识或技能进行评价,占 70%)构成该同学该任务成绩

二、实训准备工作

<table>
<tr><td>课程名称</td><td colspan="3">数控加工综合实训</td><td>项目 2</td><td>数控铣削加工实训</td></tr>
<tr><td>任务 3</td><td colspan="3">型腔零件数控铣削加工</td><td>建议学时</td><td>4</td></tr>
<tr><td>班级</td><td></td><td>学生姓名</td><td></td><td>工作日期</td><td></td></tr>
<tr><td>场地准备描述</td><td colspan="5"></td></tr>
<tr><td>设备准备描述</td><td colspan="5"></td></tr>
<tr><td>刀、夹、量、
工具准备描述</td><td colspan="5"></td></tr>
<tr><td>知识准备描述</td><td colspan="5"></td></tr>
</table>

三、实训记录

1. 型腔零件机械加工工艺过程卡

产品名称及型号			零件名称			零件图号			
材料	名称	铝	毛坯	种类	方料	零件质量/kg	毛重		共 1 页
	牌号			尺寸	65 mm×65 mm×20 mm		净重		第 1 页
	性能			每台件数			每批件数		

工序	工步	工序内容	同时加工零件数	切削用量			设备名称及编号	工艺装备名称及编号			技术等级	工时额定	
				背吃刀量/mm	切削速度/(mm/min)	主轴转速/(r/min)		夹具	刀具	量具		单件	准备—终结
抄写		校对		审核		批准							

2. 零件加工程序单

程序内容	程序说明

3. 任务实施情况分析单

任务实施过程	存在的问题	解决的办法
机床操作		
加工程序		
加工工艺		
加工质量		
安全文明生产		

四、考核评价表

考核项目	技术要求	分值	学生自评（10%）	小组评分（20%）	教师评分（70%）	实得分
程序及工艺（15%）	程序正确完整	5				
	切削用量合理	5				
	工艺过程规范合理	5				
机床操作（20%）	刀具选择安装正确	5				
	对刀及工件坐标系设定正确	5				
	机床操作规范	5				
	工件加工正确	5				
工件质量（40%）	尺寸精度符合要求	30				
	表面粗糙度符合要求	8				
	无毛刺	2				
文明生产（15%）	安全操作	5				
	机床维护与保养	5				
	工作场所整理	5				
相关知识及职业能力（10%）	数控加工基础知识	2				
	自学能力	2				
	表达沟通能力	2				
	合作能力	2				
	创新能力	2				
总分		100				

任务 4　阀盖零件数控铣削加工

【任务描述】

本任务介绍在数控铣床上，采用平口钳对零件装夹定位，加工如图 2-4-1 所示阀盖零件的外轮廓，加工深度为 4 mm，毛坯材料为铝。

要求制定零件加工工艺，编写零件加工程序，最后在数控铣床上进行实际操作加工，并对加工后的零件进行检测、评价。

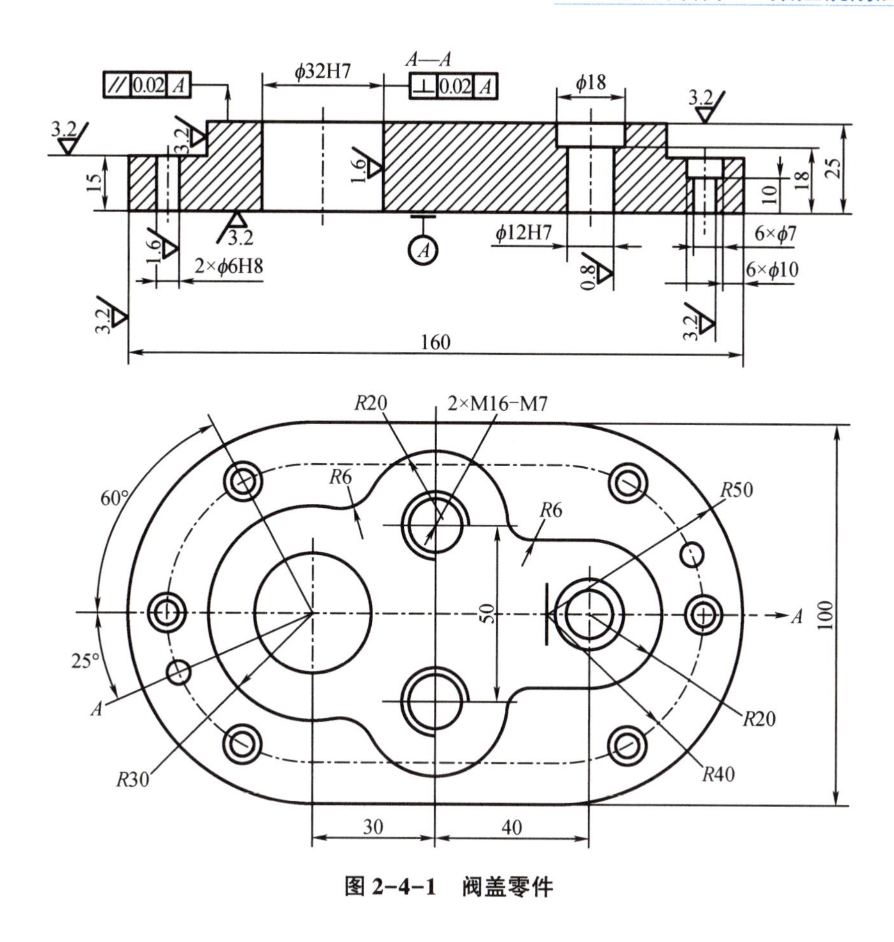

图 2-4-1 阀盖零件

【任务分析】

阀盖零件是机械设备中最常用的铣削类综合零件,常用在各类阀体和气泵中,结构包括外轮廓、内轮廓和孔,是使用数控铣削加工的最典型的加工零件。

【相关知识】

一、子程序应用

现代 CNC 系统一般都有调用子程序的功能,但子程序调用功能不是标准功能,不同的数控系统所用的指令格式均不相同。

1. 子程序的结构

子程序和主程序一样,都是由程序号、程序内容和程序结束 3 部分组成。

2. 子程序的调用

编程格式:M98 P △△△×××× ;

其中:M98 为调用子程序指令;△△△为子程序调用次数,系统允许调用的次数为 999 次;××××为子程序号。如"M98 P51000;"表示调用子程序 O1000 共 5 次。如果不写重复次数,则认为重复次数为一次。如"M98 P1200;"表示调用子程序 O1200 一次。

调用子程序指令可以对同一子程序反复调用,当在主程序中调用了一个子程序时,称为一重嵌套。如果在子程序中又调用了另一个子程序,则称为二重嵌套,如图 2-4-2 所示。

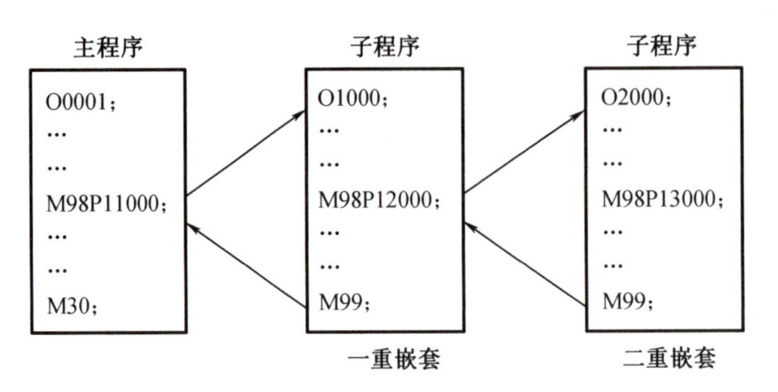

图 2-4-2 调用子程序的结构

如图 2-4-3 所示，用 ϕ6 mm 的键槽铣刀加工，使用刀具半径补偿，每次 Z 轴下刀 2.5 mm，试利用子程序编写程序。

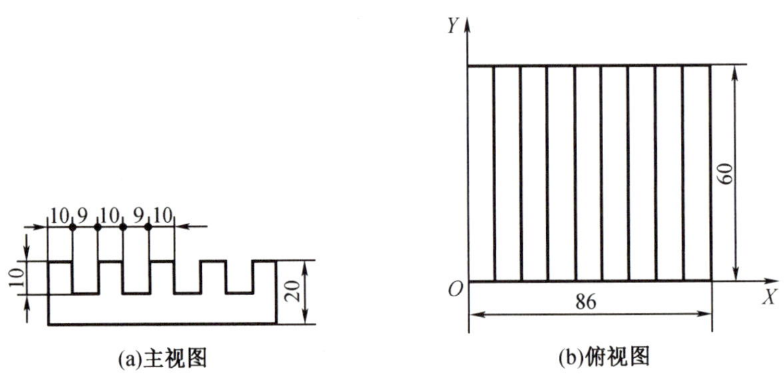

图 2-4-3 子程序编程

参考程序如下：

```
O0001;                          主程序
N010 G54 G00 X0 Y0 Z20. ;       建立工件坐标系
N020 M03 S800;
N030 G00 X-4.5 Y-10. ;          快进到(-4.5,-10)N040 Z0;
N050 M98 P41100;                调用 O1100 子程序 4 次
N060 G90 G00 Z20. M05;
N070 X0 Y0 M09;
N080 M30;
O1100;                          子程序
N010 G91 G00 Z-2.5;
N020 M98 P41200;                调用 O1200 子程序 4 次
N030 G00 X-76. ;
N040 M99;
O1200;                          子程序
N010 G91 G00 X19. ;
N020 G01 G41 D01 X4.5;
N030 G01 Y75. F100. ;           加工槽
```

N040 X-9.;
N050 Y-75.;　　　　　　　　　　第一个槽加工结束
N060 G40 G00 X4.5;　　　　　　 取消刀补
N070 M99;

二、旋转加工指令

旋转变换功能指令为 G68、G69。

1. 指令功能

该指令可使编程图形按照指定旋转中心及旋转方向旋转一定角度。通常和子程序一起使用,加工旋转到一定位置的重复程序段。

2. 指令格式

坐标旋转功能　G17　G68　X__Y__R__;
　　　　　　　G18　G68　X__Z__R__;
　　　　　　　G19　G68　Y__Z__R__;

取消坐标旋转功能　G69;

3. 指令说明

(1) X、Y、Z 是旋转中心的坐标值;

(2) R 为旋转角度,单位是(°),$-360° \leq R \leq 360°$;

(3) 逆时针旋转时为"+",顺时针旋转时为"-"。

如图 2-4-4 所示的外轮廓,切削深度为 5 mm。工件坐标系如图所示,工件上表面为 Z 轴原点,起点为(0,0)。

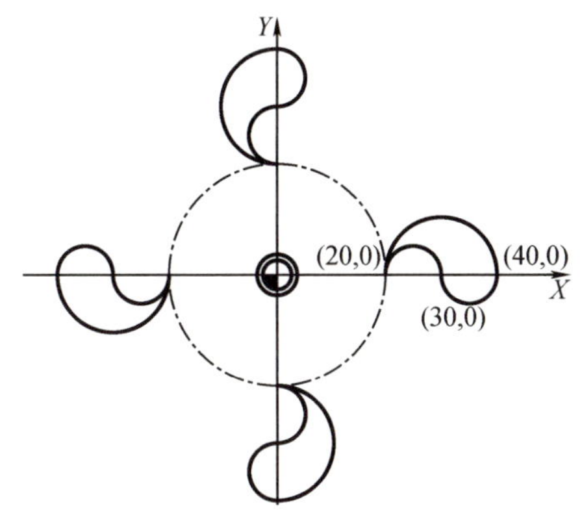

图 2-4-4　旋转加工

用旋转加工指令 G68 编写的程序如下:

主程序:

O0002;
N10 G54 G90 G00 Z50;
N20 X0 Y0 M03 S800;
N30 Z5;
N40 G01 Z-5 F200;
N50 M98 P0200;

```
N60 G68 X0 Y0 R180;
N70 M98 P0200;
N80 G68 X0 Y0 R270;
N90 M98 P0200;
N100 G69;
N110 G00 Z50 M05;
N120 M02;
```

子程序：

```
O0200
N005 G91 G01 G41 X20 Y0 D01 F200;
N010 G02 X20 Y0 I10 J0;
N015 G02 X-10 Y0 I-5 J0;
N020 G03 X-10 Y0 I-5 J0;
N025 G01 G40 X-20 Y0;
N030 M99;
```

三、镜像加工指令

1. 指令功能

镜像加工功能又叫轴对称加工功能，是将数控加工轨迹沿某坐标轴做镜像变换而形成加工轴对称零件的加工轨迹。对称轴(或镜像轴)可以是 *X* 轴、*Y* 轴或原点。

2. 指令格式

建立镜像　G24 X_ Y_ Z_;
　　　　　M98 P_;

取消镜像　G25 X_ Y_ Z_;

3. 指令说明

(1)*X*、*Y*、*Z* 为镜像位置。

(2)G24 X0 表示建立 *Y* 轴镜像;G24 Y0 表示建立 *X* 轴镜像。

精加工如图 2-4-5 所示的 4 个三角形凸台轮廓，凸台高度为 5 mm。工件坐标系如图所示，工件上表面为工件坐标系 *Z* 轴原点，起刀点在原点。

用镜像加工指令编程如下：

主程序：

```
O0003;
N10 G54 G90 G00 Z50;
N20 X0 Y0 M03 S800;
N30 Z5;
N40 G01 Z-5 F300;
N50 M98 P200;          加工 A
N60 G24 X0;            Y 轴镜像，镜像位置为 X=0
N70 M98 P200;          加工 B
N80 G24 Y0;            X、Y 轴镜像，镜像位置为(0,0)
N90 M98 P200;          加工 C
```

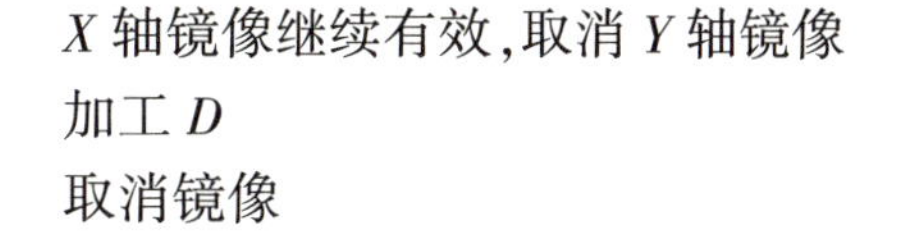

```
N100 G25 X0;            X 轴镜像继续有效,取消 Y 轴镜像
N110 M98 P200;          加工 D
N120 G25 Y0;            取消镜像
N130 G00 Z50;
N140 M02;
子程序:
O2000;
N005 G01 G41 X20 Y20 D01 F120;
N010 Y40;
N015 X60 Y20;
N020 X20;
N025 G40 X0 Y0;
N030 M99;
```

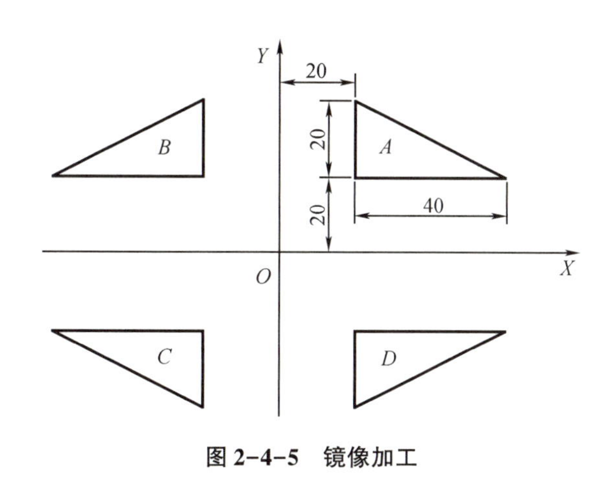

图 2-4-5 镜像加工

四、缩放加工指令

1. 指令格式

建立缩放 G51 X_ Y_ Z_ P_;

　　　　　M98 P_;

取消缩放 G50;

2. 指令说明

(1)G51 为建立缩放;G50 为取消缩放。

(2)*X*、*Y*、*Z* 为缩放中心坐标。

(3)*P* 为缩放系数。

G51 既可指定平面缩放,也可指定空间缩放。在 G51 后,运动指令的坐标值以(*X*、*Y*、*Z*)为缩放中心,按 *P* 规定的缩放比例进行计算。在有刀具补偿的情况下,先进行缩放,然后才进行刀具半径补偿、刀具长度补偿。

G51、G50 为模态指令,可相互注销,G50 为缺省值。

加工如图 2-4-6 所示的长方形台阶轮廓。假设缩放中心为(35,25),缩放系数为 0.5 倍。

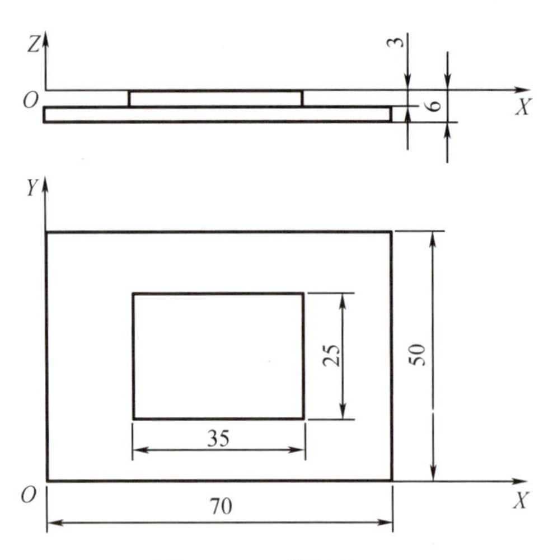

图 2-4-6 缩放加工

使用缩放功能编制的加工程序如下：

主程序：

```
O0004;
N10 G90 G54 G00 Z50;
N20 X-15 Y-15 S800 M03;
N30 Z5;
N40 G01 Z-3 F300;
N50 G51 X35 Y25 P0.5;
N60 M98 P1000;
N70 G50;
N80 G01 Z-6 F300;
N90 M98 P1000;
N100 G00 Z50;
N110 M02;
```

子程序：

```
O1000;
N10 G01 G41 X0 Y0 D01 F120;
N20 Y50;
N30 X70;
N40 Y0;
N50 X0;
N60 G40 X-15 Y-15;
N70 M99;
```

执行该程序时，机床将自动计算出 35 mm×25 mm 长方形的坐标数据，按缩放后的图形进行加工。O1000 为加工 70 mm×50 mm 长方形的子程序。

【任务实施】

一、工具材料领用及准备

工具材料及工作准备如表 2-4-1 所示。

表 2-4-1　工具材料及工作准备

1. 工具/设备/材料				
类别	名称	规格型号	单位	数量
工具	机用平口钳	QH160	台	1
	扳手	和机用平口钳匹配	把	1
	平行垫铁		副	1
	木榔头		把	1
	锉刀		套	1
量具	百分表	0~8 mm/0.01 mm	块	1
	磁性表座	CA-Z3	套	1
	游标卡尺	0~150 mm/0.02 mm	把	1
	内径千分尺	5~30 mm/0.01 mm	把	1
	深度游标卡尺	0~200 mm/0.02 mm	把	1
	粗糙度样板	N0~N1 12 级	副	1
刀具	硬质合金端面铣刀	ϕ125 mm	把	1
	硬质合金立铣刀	ϕ12 mm、ϕ35 mm	把	各 1
	中心钻	ϕ3 mm	把	1
	钻头	ϕ27 mm、ϕ11.8 mm、ϕ14 mm、ϕ6.8 mm、ϕ5.8 mm	把	各 1
	内孔镗刀		把	1
	锪钻	ϕ18 mm×11 mm、ϕ10 mm×5.5 mm	把	各 1
	铰刀	ϕ12 mm、ϕ7 mm、ϕ6 mm	把	各 1
	倒角铣刀	90°	把	1
	机用丝锥	M16	把	1
耗材	方料	65 mm×65 mm×20 mm 铝		
2. 工作准备				
(1)技术资料:工作任务卡 1 份、教材、FANUC 系统数控操作说明书				
(2)工作场地:有良好的照明、通风和消防设施等条件				
(3)工具、设备和材料:按“工具/设备/材料”栏目准备相关工具、设备和材料				
(4)建议分组实施教学:每 2~3 人为一组,每组准备一台数控铣床。通过分组讨论完成零件的工艺分析及加工工艺方案设计,通过演示和操作训练完成零件的加工				
(5)劳动保护:穿戴劳保用品、工作服				

二、工艺分析

1. 确定装夹方案和定位基准

工件的定位基准遵循六点定位原则。在选择定位基准时,要保证工件定位准确,装卸方便,能迅速完成工件的定位和夹紧,保证各项加工的精度,应尽量选择工件上的设计基准为定位基准,根据以上原则,首先以上面为基准加工基准面 A,然后以底面和外形定位加工上面、台阶面和孔系。在铣削外轮廓时,采用"一面两孔"定位方式,即以底面 A、ϕ32H7 和 ϕ12H7 定位。

2. 选择刀具及切削用量

(1) 刀具选择

①零件上、下表面采用端铣刀加工,根据侧吃刀量选择端铣刀直径,使铣刀工作时有合理的切入/切出角,并且铣刀直径应尽量包容工件整个加工宽度,以提高加工精度和效率,并减小相邻两次进给之间的接刀痕迹。

②台阶及其轮廓采用立铣刀加工,铣刀半径受轮廓最小曲率半径限制,取 $R=6$ mm。

③孔加工各工步的刀具直径根据加工余量和孔径来确定。

该零件加工所选刀具如表 2-4-2 所示。

表 2-4-2　阀盖零件数控加工刀具卡片

序号	刀具编号	刀具规格名称	数量	加工表面	备注
1	T01	ϕ125 mm 硬质合金端面铣刀	1	铣削上、下表面	
2	T02	ϕ12 mm 硬质合金立铣刀	1	铣削台阶面及其轮廓	
3	T03	ϕ3 mm 中心钻	1	钻中心孔	
4	T04	ϕ27 mm 钻头	1	钻 ϕ32H7 底孔	
5	T05	内孔镗刀	1	粗镗、精镗 ϕ32H7 孔	
6	T06	ϕ11.8 mm 钻头	1	钻 ϕ12H7 底孔	
7	T07	ϕ18 mm×11 mm 锪钻	1	锪 ϕ18 mm 孔	
8	T08	ϕ12 mm 铰刀	1	铰 ϕ12H7 孔	
9	T09	ϕ14 mm 钻头	1	钻 2-M16 螺纹底孔	
10	T10	90 °倒角铣刀	1	2-M16 螺孔倒角	
11	T11	M16 机用丝锥	1	攻 2-M16 螺纹孔	
12	T12	ϕ6.8 mm 钻头	1	钻 6×ϕ7 mm 孔	
13	T13	ϕ10 mm×5.5 mm 锪钻	1	锪 6×ϕ10 mm 孔	
14	T14	ϕ7 mm 铰刀	1	铰 6×ϕ7 mm 孔	
15	T15	ϕ5.8 mm 钻头	1	钻 2×ϕ6H8 底孔	
16	T16	ϕ6 mm 铰刀	1	铰 2×ϕ6H8 底孔	
17	T17	ϕ35 mm 硬质合金立铣刀	1	铣削轮廓	

(2)切削用量选择

本任务中,零件材料的切削性能较好,铣削平面、台阶面及轮廓时,留 0.5 mm 精加工余量,孔加工精镗余量为 0.2 mm,精铰余量为 0.1 mm。

选择主轴转速与进给速度时,先查切削用量手册,确定切削速度与每齿进给量,然后按下列公示计算进给速度与主轴转速:

$$V_f = fn = f_z Zn$$

$$n = 1\,000 v_c / \pi D$$

其中,V_f 为进给速度;n 为刀具转速;Z 为刀具齿数;f 为刀具进给量;f_z 为刀具每齿进给量;v_c 为切削速度;D 为工件或刀具直径。

3. 拟定数控铣削加工工艺卡片

阀盖零件数控加工工序卡片如表 2-4-3 所示。

表 2-4-3 阀盖零件数控加工工序卡片

工步号	工步内容	刀具号	刀具规格/mm	主轴转速/(r/min)	进给速度/(mm/min)	背吃刀量/mm	备注
1	粗铣定位基准面 *A*	T1	ϕ125	200	50	2	
2	精铣定位基准面 *A*	T1	ϕ125	200	25	0.5	
3	粗铣上表面	T1	ϕ125	200	50	2	
4	精铣上表面	T1	ϕ125	200	25	0.5	
5	粗铣台阶面及其轮廓	T2	ϕ12	800	50	4	
6	精铣台阶面及其轮廓	T2	ϕ12	1000	25	0.5	
7	钻所有孔的中心孔	T3	ϕ3	1200			
8	钻 ϕ32H7 底孔至 ϕ27 mm	T4	ϕ27	200	40		
9	粗镗 ϕ32H7 孔至 ϕ30 mm	T5		500	80	1.5	
10	半精镗 ϕ32H7 孔至 ϕ31.6 mm	T5		700	70	0.8	
11	精镗 ϕ32H7	T5		900	60	0.2	
12	钻 ϕ12H7 底孔至 ϕ11.8 mm 底孔	T6	ϕ11.8	600	60		
13	锪 ϕ18 mm 孔	T7	ϕ18×11	150	30		
14	粗铰 ϕ12H7	T8	ϕ12	100	40	0.1	
15	精铰 ϕ12H7	T8	ϕ12	100	30		
16	钻 2×*M*16 螺纹底孔至 ϕ14 mm	T9	ϕ14	450	60		
17	2×*M*16 螺纹孔倒角	T10	90°倒角铣刀	300	40		
18	攻 2×*M*16 螺纹孔	T11	M16	100	200		
19	钻 6×ϕ7 mm 底孔至 ϕ6.8 mm	T12	ϕ6.8	700	70		
20	锪 6×ϕ10 mm 孔	T13	ϕ10×5.5	150	30		

表 2-4-3(续)

工步号	工步内容	刀具号	刀具规格/mm	主轴转速/(r/min)	进给速度/(mm/min)	背吃刀量/mm	备注
21	铰 6×ϕ7 mm 孔	T14	ϕ7	100	25	0. 1	
22	钻 2×ϕ6H8 底孔至 ϕ5. 8 mm	T15	ϕ10	900	80		
23	铰 2×ϕ6H8 孔	T16	ϕ6	100	25	0. 1	
24	一面两孔定位粗铣外轮廓	T17	ϕ35	600	40	2	
25	一面两孔定位精铣外轮廓	T17	ϕ35	600	25	0. 5	

三、编程

加工 ϕ32H7 孔的程序代码如表 2-4-4 所示。

表 2-4-4 加工 ϕ32H7 孔程序

程序内容	说明
O2001	程序名
N10 G54 G90 M03 S200;	建立加工坐标系,主轴正转
N20 G00 Z50 T4 D1;	*Z* 轴快速定位,调用 4 号刀和 1 号刀补
N30 G00 X-30 Y0 M08;	*X*、*Y* 轴定位,冷却液开
N40 G82(20,0,2,-30,30,1);	调用钻孔加工固定循环
N50 G00 Z150 M09 M05;	*Z* 轴快速定位,主轴停转,冷却液关
N60 M00;	程序暂停,手动换刀
N70 M03 S500 M08;	主轴正转,冷却液开
N80 G00 Z50 T5 D1 F80;	*Z* 轴快速定位,调用 5 号刀和 1 号刀补
N90 G01 X-30 Y0;	*X*、*Y* 轴定位
N100 G85(20,0,2,-30,30,1,80,150);	调用镗孔加工固定循环
N110 G00 Z150 M09 M05;	*Z* 轴快速定位,主轴停转,冷却液关
N120 M30;	程序结束

精铣外轮廓的程序代码如表 2-4-5 所示。

表 2-4-5 精铣外轮廓程序

程序内容	说明
O3001	程序名
N10 G54 G90 M03 S600;	建立加工坐标系,绝对坐标编程
N20 G00 Z50 T17 D1;	*Z* 轴快速定位,调用 17 号刀和 1 号刀补
N30 X90 Y-60;	*X*、*Y* 轴快速定位

表 2-4-5(续)

程序内容	说明
N40 Z-28 M08;	Z 轴快速定位,冷却液关
N50 G01 G41 X0 Y-50 F25;	切入轮廓,建立半径补偿
N60 X-30;	切削直线
N70 G02 X-30 Y50 CR=50;	切削圆弧
N80 G01 X30;	切削直线
N90 G02 X30 Y-50 CR=50;	切削圆弧
N100 G01 X0 Y-50;	切削直线
N110 G40 X-90 Y-60;	切出轮廓,取消半径补偿
N120 G00 Z150;	Z 轴快速定位
N130 M05 M09;	主轴停转,冷却液关
N140 M30;	程序结束

四、加工

加工前准备工作:①确保机床开启后回过参考点;②检查机床的快速修调倍率和进给修调倍率,一般快速修调倍率在 20%以下,进给修调倍率在 50%以下,以防止速度过快导致撞刀。

加工时如果不确定对刀是否正确,可采用单段加工的方式进行。在确定每把刀具在所建立的坐标系中第一个点正确后,可自动加工。执行工作计划表如表 2-4-6 所示。

表 2-4-6 执行工作计划表

序号	操作流程	工作内容	学习问题反馈
1	开机检查	检查机床→开机→低速热机→回机床参考点(先回 Z 轴,再回 X、Y 轴)	
2	工件装夹	虎钳装夹工件,预留伸出长度大于 10 mm	
3	刀具安装	安装 $\phi 8$ mm 立铣刀	
4	对刀操作	采用试切法对刀。用立铣刀进行 X、Y 轴方向分中对刀,再对 Z 轴	
5	程序检验	锁住机床,调出所需加工程序,在“图形检验”功能下,实现零件加工刀具运动轨迹的检验	
6	零件加工	运行程序,完成零件平面铣削加工。选择单步运行,结合程序观察走刀路线和加工过程	
7	零件检测	用量具检测加工完成的零件	

五、检测

加工完成后对零件的尺寸精度和表面质量做相应的检测,如有误差则分析其原因,避免下次加工再出现类似情况。

【任务拓展】

1. 加工图 2-4-7 所示零件，材料为 45 号钢，加工刀具自定义。要求：分析零件加工工艺，编制加工程序，并完成该零件加工。

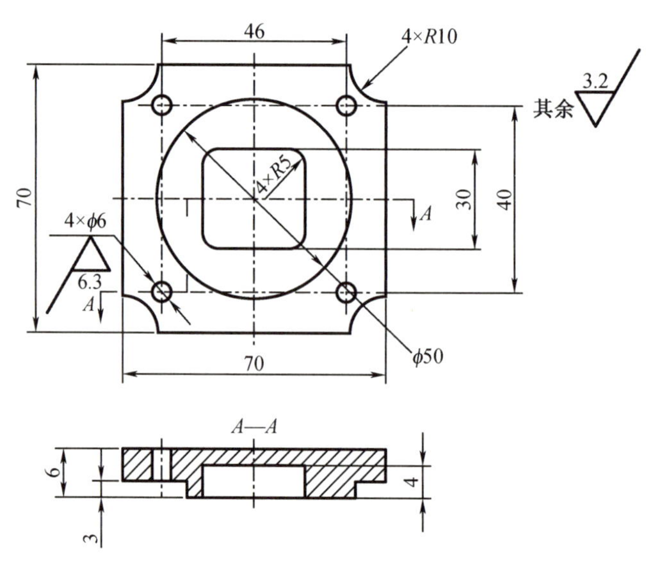

图 2-4-7　综合零件加工 1

2. 加工图 2-4-8 所示零件，材料为 45 号钢，加工刀具自定义。要求：分析零件加工工艺，编制加工程序，并完成该零件加工。

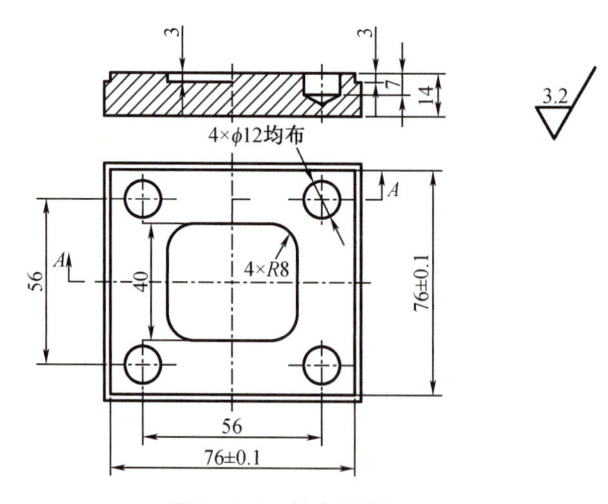

图 2-4-8　综合零件加工 2

【实训报告】

一、实训任务书

<table>
<tr><td>课程名称</td><td colspan="3">数控加工综合实训</td><td>项目 2</td><td>数控铣削加工实训</td></tr>
<tr><td>任务 4</td><td colspan="3">阀盖零件数控铣削加工</td><td>建议学时</td><td>4</td></tr>
<tr><td>班级</td><td></td><td>学生姓名</td><td></td><td>工作日期</td><td></td></tr>
<tr><td>实训目标</td><td colspan="5">1. 能够根据铣削综合件的加工方法,制定阀盖零件铣削加工工艺方案;
2. 能够通过常用的铣削加工指令,完成阀盖零件的铣削加工编程;
3. 能够将阀盖零件正确安装在平口钳上;
4. 能够根据定置化管理要求,规范合理摆放操作加工所需工具、量具;
5. 能够按操作规范正确使用 FANUC 数控铣床,并完成阀盖零件的铣削加工;
6. 能够正确使用游标卡尺对零件进行检测;
7. 能够对所完成的零件进行评价及超差原因分析</td></tr>
<tr><td>实训内容</td><td colspan="5">1. 制定阀盖零件机械加工工艺过程卡片
会分析阀盖零件图样,进而确定零件装夹方案、加工刀具、加工路径、切削参数,并填写机械加工工艺过程卡片。
2. 编制阀盖零件数控加工程序
掌握铣削综合加工指令,编写阀盖零件的数控加工程序,保证程序的准确性、合理性。
3. 利用数控铣床加工阀盖零件
熟悉数控铣床面板各按键的功能,掌握数控铣床的基本操作,利用 FANUC 数控系统铣床加工阀盖零件</td></tr>
<tr><td>安全与文明生产要求</td><td colspan="5">操作人员必须熟悉数控铣床使用说明书等有关资料;开机前应对铣床进行全面细致的检查,确认无误后方可操作;铣床开始工作前要有预热,认真检查润滑系统工作是否正常,如铣床长时间未开动,可先采用手动方式向各部分供油润滑;数控铣床通电后,检查各开关、按钮和按键是否正常、灵活,铣床有无异常现象;检查电压、油压是否正常</td></tr>
<tr><td>提交成果</td><td colspan="5">实训报告、阀盖零件</td></tr>
<tr><td>对学生的要求</td><td colspan="5">1. 具备机械加工工艺、数控编程的基础知识;
2. 具备数控铣床操作的知识;
3. 具备一定的实践动手能力、自学能力、数据计算能力、沟通协调能力、语言表达能力和团队意识;
4. 执行安全、文明生产规范,严格遵守实训车间制度和劳动纪律;
5. 着装规范(工装),不携带与生产无关的物品进入实训场地;
6. 完成“阀盖零件数控铣削加工”实训报告,并加工出阀盖零件</td></tr>
<tr><td>考核评价</td><td colspan="5">评价内容:程序及工艺评价;机床操作评价;工件质量评价;文明生产评价等。
评价方式:由学生自评(自述、评价,占 10%)、小组评价(分组讨论、评价,占 20%)、教师评价(根据学生学习态度、工作报告及现场抽查知识或技能进行评价,占 70%)构成该同学该任务成绩</td></tr>
</table>

二、实训准备工作

<table>
<tr><td>课程名称</td><td colspan="3">数控加工综合实训</td><td>项目 2</td><td>数控铣削加工实训</td></tr>
<tr><td>任务 4</td><td colspan="3">阀盖零件数控铣削加工</td><td>建议学时</td><td>4</td></tr>
<tr><td>班级</td><td></td><td>学生姓名</td><td></td><td>工作日期</td><td></td></tr>
<tr><td>场地准备描述</td><td colspan="5"></td></tr>
<tr><td>设备准备描述</td><td colspan="5"></td></tr>
<tr><td>刀、夹、量、
工具准备描述</td><td colspan="5"></td></tr>
<tr><td>知识准备描述</td><td colspan="5"></td></tr>
</table>

三、实训记录

1. 阀盖零件机械加工工艺过程卡

<table>
<tr><td colspan="2">产品名称及型号</td><td></td><td colspan="2">零件名称</td><td></td><td colspan="2">零件图号</td><td colspan="2"></td></tr>
<tr><td rowspan="3">材料</td><td>名称</td><td>铝</td><td rowspan="2">毛坯</td><td>种类</td><td>方料</td><td rowspan="2">零件质量
/kg</td><td>毛重</td><td rowspan="2"></td><td>共 1 页</td></tr>
<tr><td>牌号</td><td></td><td>尺寸</td><td>60 mm×65 mm×20 mm</td><td>净重</td><td>第 1 页</td></tr>
<tr><td>性能</td><td colspan="3"></td><td>每台件数</td><td></td><td>每批件数</td><td colspan="2"></td></tr>
</table>

工序	工步	工序内容	同时加工零件数	切削用量			设备名称及编号	工艺装备名称及编号			技术等级	工时额定	
				背吃刀量/mm	切削速度/(mm/min)	主轴转速/(r/min)		夹具	刀具	量具		单件	准备—终结

抄写		校对		审核		批准	

2. 零件加工程序单

程序内容	程序说明

3. 任务实施情况分析单

任务实施过程	存在的问题	解决的办法
机床操作		
加工程序		
加工工艺		
加工质量		
安全文明生产		

四、考核评价表

考核项目	技术要求	分值	学生自评（10%）	小组评分（20%）	教师评分（70%）	实得分
程序及工艺（15%）	程序正确完整	5				
	切削用量合理	5				
	工艺过程规范合理	5				
机床操作（20%）	刀具选择安装正确	5				
	对刀及工件坐标系设定正确	5				
	机床操作规范	5				
	工件加工正确	5				
工件质量（40%）	尺寸精度符合要求	30				
	表面粗糙度符合要求	8				
	无毛刺	2				
文明生产（15%）	安全操作	5				
	机床维护与保养	5				
	工作场所整理	5				
相关知识及职业能力（10%）	数控加工基础知识	2				
	自学能力	2				
	表达沟通能力	2				
	合作能力	2				
	创新能力	2				
总分		100				

实训项目 3　数控车铣综合加工实训

【项目目标】

知识目标：

1. 能够陈述数控加工工艺编制的一般步骤和方法；
2. 能够说出数控车床和数控铣床机床面板各按键的功能；
3. 能够概述简单车铣复合工艺零件加工过程中刀具的选择及切削用量的选择方法。

能力目标：

1. 能够通过分析零件图纸，编制简单车铣复合工艺零件数控加工的加工工艺；
2. 能够熟练操作数控车床，完成简单车铣复合工艺零件车削部分内容的加工；
3. 能够根据零件装夹要求，使用机用平口钳装校棒料毛坯零件、对刀设置工件坐标系的基本操作；
4. 能够熟练操作数控铣床，完成简单车铣复合工艺零件铣削部分内容的加工。

素质目标：

1. 具有精益求精的工匠精神。
2. 具有设备管理意识，做好机床日常使用、维护记录。

【项目内容】

制造业技术的变革日新月异，多功能数控机床越来越普及，机械零件产品也越来越复杂，这一切对从业人员的素质提出了更高的要求，产业发展急需大批复合型数控技术人才。在现代机械、模具、汽车、航空航天、电工电子等制造企业中有大批的车铣复合加工零件，其结构复杂，产品更新换代快，品种多而批量小。

在企业实际生产加工过程中，由于产品功能结构的需要，以及不同数控机床加工范围不同，有些零件很难仅在一种类型设备上加工完成。对于车削复合工艺零件，我们需要在数控车床和数控铣床或者加工中心等不同类型的加工设备上才能够完成零件全部结构的加工。

本项目针对车铣复合工艺零件，分别选取典型的泄压螺钉零件和连接法兰零件，对两类零件的装夹定位方法、工艺编制、程序编写及数控车铣复合加工全过程进行讲解。

任务 1　泄压螺钉零件数控车铣复合加工

【任务描述】

本任务介绍使用数控车床和加工中心等设备，分别采用三爪自定心卡盘和机用平口钳对零件装夹定位，加工如图 3-1-1 所示的泄压螺钉零件。对泄压螺钉零件工艺编制、程序

编写及数控车铣复合加工全过程进行讲解。

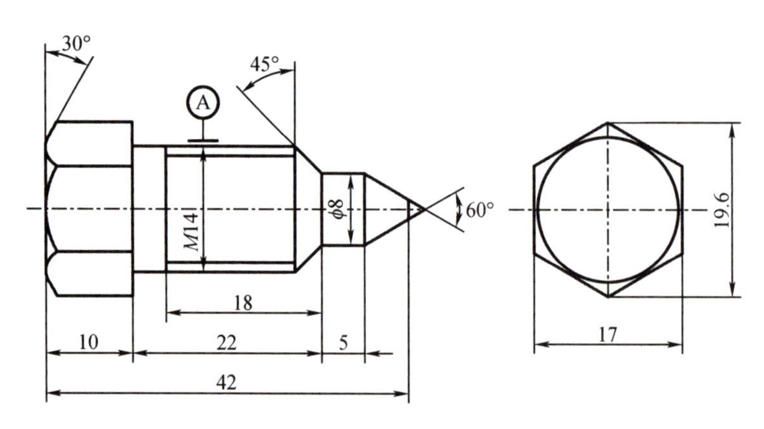

图 3-1-1　泄压螺钉零件

【任务分析】

本任务零件属于简单车铣复合工艺类零件，是使用数控车床和数控铣床等设备加工的典型零件。已知毛坯材料为 45 号钢，毛坯尺寸为 ϕ70 mm×60 mm 的棒料。制定零件加工工艺，手工编写零件车削和铣削加工程序，最后在对应设备上进行实际操作加工，并对加工后的零件进行检测、评价。

【相关知识】

一、立式加工中心安全操作规程

数控加工存在一定的危险性，操作数控加工中心时，操作者必须严格遵守机床安全操作规程，以免造成人身伤害和财产损失。加工中心安全操作规程如下：

（1）未经培训者严禁开机；开机前认真检查电网电压、气源气压、润滑油和冷却油的油位是否正常，不正常时严禁开机。

（2）机床启动后，先检查电气柜冷却风扇和主轴系统是否正常工作，不正常时应立即关机，及时报告老师进行检修。

（3）开机后先进行机床 Z 轴回零后再进行 X、Y 轴回零和刀库回零操作，回零过程中注意机床各轴的相对位置，避免回零过程中发生碰撞。

（4）手动操作机床时，操作者事先必须设定确认手动进给倍率、快速进给倍率，操作过程中时刻注意观察主轴所处位置及面板按键所对应机床轴的运动方向，避免主轴及主轴上的刀具与夹具、工件之间发生干涉或碰撞。

（5）主轴刀具交换必须通过刀库进行，严禁直接手持刀具进行主轴松刀、装刀及换刀；主轴不在零位时，严禁将刀库摆到换刀位，避免刀库和主轴发生碰撞。

（6）认真仔细检查程序编制、参数设置、动作顺序、刀具干涉、工件装夹、开关保护等环节是否正确无误，并进行程序校验。调试完程序后做好保存，不允许运行未经校验和内容不明的程序。

（7）在 MDI 方式下禁止用 G00 指令对 Z 轴进行快速定位。

(8)在手动进行工件装夹和换刀时,要将机床处于锁住状态,其他无关人员禁止操作数控系统面板;工件及刀具装夹要牢固,完成装夹后要立即拿开调整工具,并放回指定位置,以免加工时发生意外。

(9)严禁在开门的情况下执行自动换刀动作、运行机床加工工件,避免刀具、工件、切屑甩出伤及操作者。

(10)工作状态及工作结束后要关闭电气装置的门或盖,避免水、灰尘及有害气体进入数控装置控制台的电源控制板等部位;电网突然断电时,应随时关闭电气柜开关。

(11)机床运转中,操作者不得离开岗位;当出现报警、发生异常声音和夹具松动等异常情况时必须立即停车保护现场,及时上报,做好记录,并进行相应处理。

(12)工作结束后,须将主轴上的刀具还回刀库;及时清理残留切屑并擦拭机床,当使用气枪或油枪清理切屑时,主轴上必须有刀;禁止用气枪或油枪吹主轴锥孔,避免切屑等微小颗粒杂物被吹入主轴孔内,影响主轴清洁度。

(13)关机前保证刀库在原始位置,*X*、*Y*、*Z* 轴停在居中位置;依次关掉机床操作面板上的电源和总电源,并认真填写好工作日志。

二、立式加工中心基本操作

1. 开机

接通气源(气泵电源),按下“急停”旋钮,接通外部电源,接通机床电源,接通系统电源,右旋“急停”旋钮,按“复位”(RESET)键,删除机床急停报警(按下“急停” 按钮是为了避免开机强电流对系统的冲击)。注意:为了保护机床,开关机之前一定要先把机床“急停”。

2. 回零

(1)坐标轴回零

选择“回零”(REF)工作方式,按下“F100”将快速倍率调到最大,按“*Z* 轴回零”键,待 *Z* 轴抬升到安全位置后再按下“X 轴回零”键和“Y 轴回零”键,一直到机床找到减速开关后再松手(找到减速开关后坐标轴的移动速度会自动减慢)。坐标轴需要回零报警,提示自动消失。

注意:先回 *Z* 轴再回 *X* 和 *Y* 轴,以免在回零的过程中发生主轴和工件或夹具碰撞事故。

(2)刀库回零

选择“手动”(JOG)工作方式,按下“刀库正转”键或“刀库反转”键,将刀库中 1 号刀位转动到刀库正右方小缺口处,按下“1 号刀位”。刀库需要回零报警提示自动消失。

3. 装夹工件

在机用平口钳上装夹棒料毛坯时,要特别注意的是棒料的轴心线一定要低于钳口的上表面,否则肯定夹不紧。当切削力很大时,还需要使用 V 形块来辅助装夹。为了保证工件的准确定位,在钳口下方一定要垫垫铁;另外定位面一定要紧靠固定钳口。

4. 装刀

选择“回零”(REF)工作方式,按下“F100”将快速倍率调到最大,按“Z 轴回零”键将 *Z* 轴回到零点位置(也可以在手动数据输入(MDI)工作方式下执行“G0G28Z0;”指令,使 *Z* 轴回到零点位置),选择“手动”(JOG)工作方式,按下“主轴定向”键使主轴端面键停在正右方,按下“刀库换刀位”键直到按键灯亮使刀库刀位移动到主轴位,按下“刀库正转”键或

“刀库反转”键将需要装刀的刀位(1 号和 2 号刀位)转到刀库窗口,手动将刀具装到刀库对应刀位,待所有刀具(1 号刀为 20 mm 立铣刀,2 号刀为 10 mm 立铣刀)装入刀库后按下“刀库原始位”键,直到按键灯亮,使刀库返回到初始位置,装刀结束。

注意:若 *Z* 轴没有回零、主轴没有定向,均有可能发生碰撞事故;装刀时刀柄上键槽没有插入刀库刀位定位键内,换刀时也会发生碰撞事故。

5. 设置工件坐标系

编程前要先在零件图纸上建立工件坐标系,本任务中假设工件坐标系建立在零件轴心线与上表面的交点处。

(1)设置 *X* 轴和 *Y* 轴零点。FANUC 0I MC 数控系统中输入工件坐标系的基本操作步骤如表 3-1-1 所示。

表 3-1-1　FANUC 0I MC 数控系统加工中心设置工件坐标系操作步骤

步骤	操作内容	操作示意(结果)图
1	按“OFS/SET”,进入偏置/设置界面	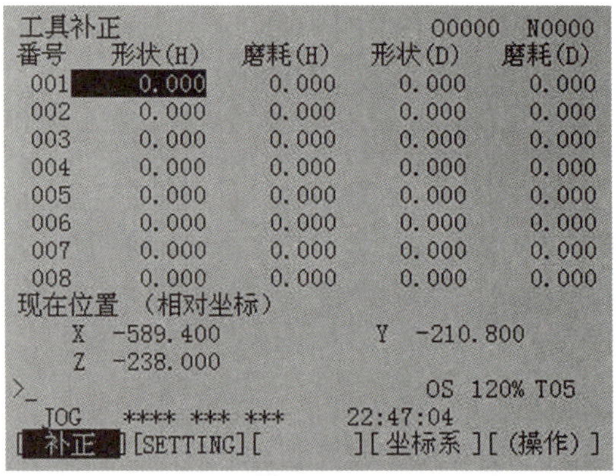 工具补正　00000 N0000 番号 形状(H) 磨耗(H) 形状(D) 磨耗(D) 001 0.000 0.000 0.000 0.000 002 0.000 0.000 0.000 0.000 003 0.000 0.000 0.000 0.000 004 0.000 0.000 0.000 0.000 005 0.000 0.000 0.000 0.000 006 0.000 0.000 0.000 0.000 007 0.000 0.000 0.000 0.000 008 0.000 0.000 0.000 0.000 现在位置 (相对坐标) X -589.400　Y -210.800 Z -238.000 >_　OS 120% T05 JOG **** *** ***　22:47:04 [补正][SETTING][　][坐标系][(操作)]
2	按“坐标系”对应功能软键,进入坐标系界面	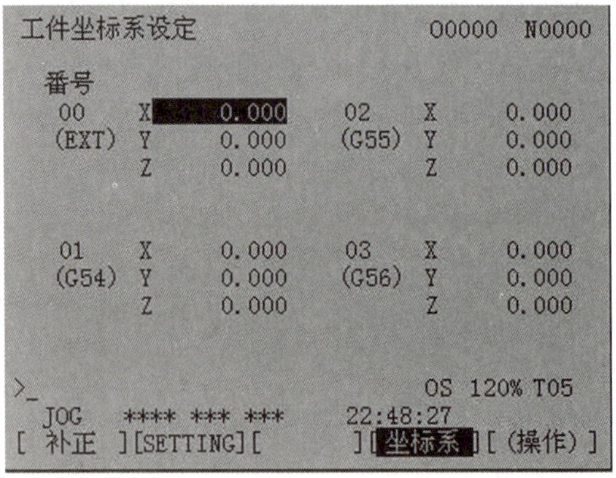 工件坐标系设定　00000 N0000 番号 00 X 0.000　02 X 0.000 (EXT) Y 0.000　(G55) Y 0.000 Z 0.000　Z 0.000 01 X 0.000　03 X 0.000 (G54) Y 0.000　(G56) Y 0.000 Z 0.000　Z 0.000 >_　OS 120% T05 JOG **** *** ***　22:48:27 [补正][SETTING][　][坐标系][(操作)]

表 3-1-1(续)

步骤	操作内容	操作示意(结果)图
3	利用光标移动键将光标移动到对应的坐标系	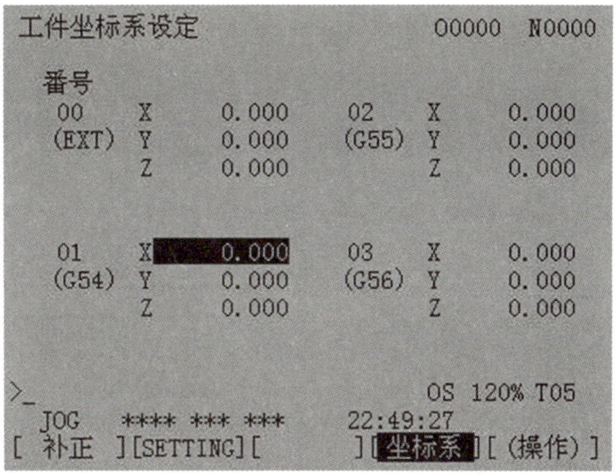 工件坐标系设定 O0000 N0000 番号 00 (EXT) X 0.000 Y 0.000 Z 0.000　02 (G55) X 0.000 Y 0.000 Z 0.000 01 (G54) X 0.000 Y 0.000 Z 0.000　03 (G56) X 0.000 Y 0.000 Z 0.000 >_ OS 120% T05 JOG **** *** *** 22:49:27 [补正][SETTING][ ][坐标系][(操作)]
4	利用 MDI 键盘输入用百分表找正外圆时找到的工件坐标系原点在机床坐标系中的坐标,按“输入”(INPUT)键或者直接按“输入”(INPUT)所对应的软功能键,将坐标值输入存储器	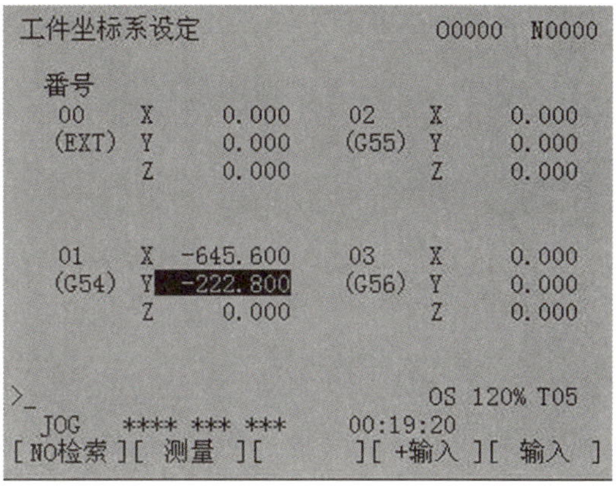 工件坐标系设定 O0000 N0000 番号 00 (EXT) X 0.000 Y 0.000 Z 0.000　02 (G55) X 0.000 Y 0.000 Z 0.000 01 (G54) X -645.600 Y -222.800 Z 0.000　03 (G56) X 0.000 Y 0.000 Z 0.000 >_ OS 120% T05 JOG **** *** *** 00:19:20 [NO检索][测量][ ][+输入][输入]

(2)对刀设置工件坐标系中 Z 轴零点基本操作步骤如表 3-1-2 所示。

表 3-1-2　FANUC 0I MC 数控系统加工中心设置工件坐标系操作步骤

步骤	操作内容	操作示意(结果)图
1	手动方式下启动主轴正转,使用手摇脉冲发生器缓慢移动刀具到工件 XY 基准面上(看铁屑或者听声音的方法)	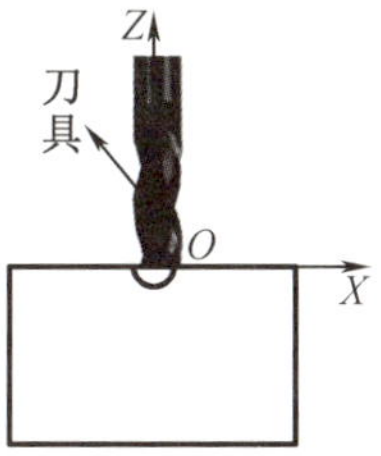 Z 刀具 O X

表 3-1-2(续)

步骤	操作内容	操作示意(结果)图
2	在缓存区中输入 Z0(Z0 为当前位置刀具中心在工件坐标系中 Z 的坐标值)	工件坐标系设定 O0000 N0000 番号 00 X 0.000 02 X 0.000 (EXT) Y 0.000 (G55) Y 0.000 Z 0.000 Z 0.000 01 X -645.600 03 X 0.000 (G54) Y -222.800 (G56) Y 0.000 Z 0.000 Z 0.000 >Z0 OS 120% T05 JOG **** *** *** 00:19:20 [NO检索][测量][ ][+输入][输入]
3	按“测量”对应的操作软键,系统自动设置好工件坐标系原点 Z 在机床坐标系中的坐标	工件坐标系设定 O0000 N0000 番号 00 X 0.000 02 X 0.000 (EXT) Y 0.000 (G55) Y 0.000 Z 0.000 Z 0.000 01 X -645.600 03 X 0.000 (G54) Y -222.800 (G56) Y 0.000 Z -247.259 Z 0.000 >_ OS 120% T05 HNDL **** *** *** 00:29:25 [NO检索][测量][ ][+输入][输入]

(3)检验工件坐标系的正确性。选择“程序”(PROG)功能界面,选择“手动数据输入”(MDI)工作方式,输入“G54G00X0Y0;”,按“插入”(INSERT)键,按下“循环启动”键执行 MDI 程序,检查 X、Y 的正确性,输入“G01Z5F3000;”,按“插入”(INSERT)键,按下“循环启动”键执行 MDI 程序检查 Z 的正确性。

注意:操作时要根据刀具与工件的相对距离来调节进给倍率,以免发生安全事故。

6. 设置刀补

不同的数控系统设置刀具补偿的界面会有所区别,FANUC 0I MC 数控系统设置长度补偿和半径补偿的操作步骤如表 3-1-3 所示。

表 3-1-3 FANUC 0I MC 系统设置长度补偿和半径补偿的操作步骤

步骤	操作内容	操作示意(结果)图
1	在工件上表面(XY 基准面)上贴沾油纸片	纸 工件 纸

表 3-1-3(续 1)

步骤	操作内容	操作示意(结果)图
2	按“PROG”键,选择程序屏幕	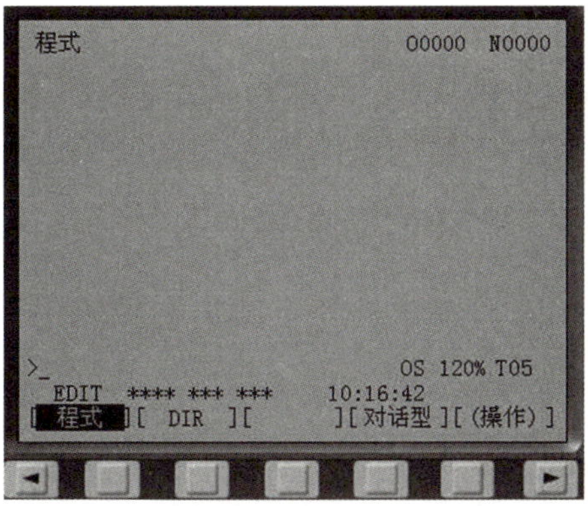
3	选择“MDI”方式,进入手动数据输入界面	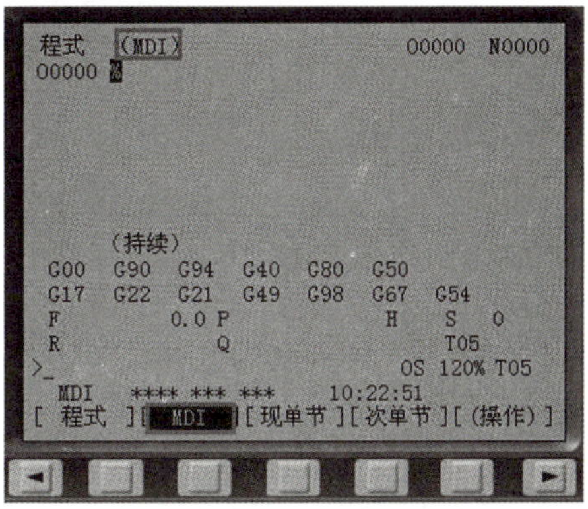
4	运用 MDI 键盘在缓存区中输入“;Txx;M06;M03S100”(xx 为要设置长度补偿的刀具编号)	 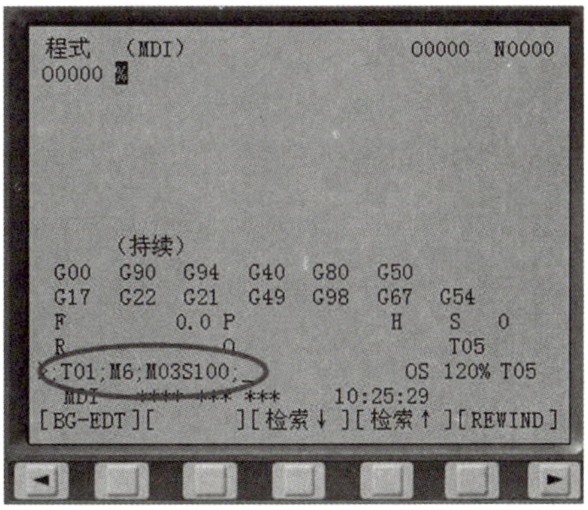

表 3-1-3(续 2)

步骤	操作内容	操作示意(结果)图
5	按“INSERT”键,将换刀和主轴正转程序输入内存	 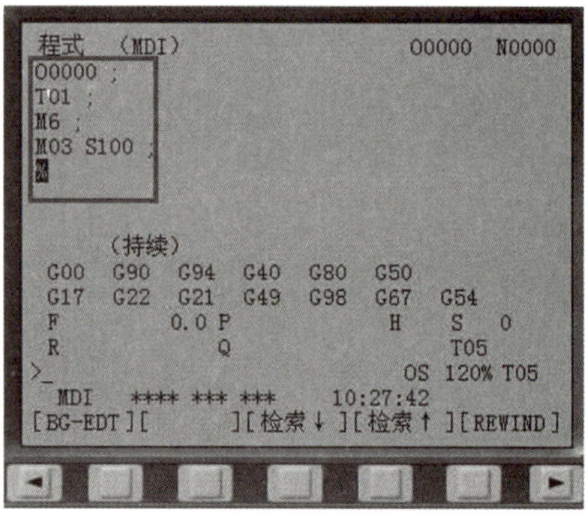
6	按“循环启动”键(选择需要测量长度的刀具并让刀具正转)	
7	选择“手动”或“手摇”工作方式	 
8	利用对刀的方法让刀具底刃轻触工件 *XY* 基准面纸片(纸片轻轻滑出)	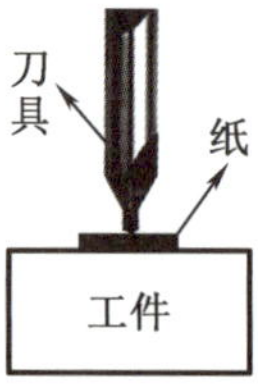
9	按“POS”键,选择坐标位置屏幕	 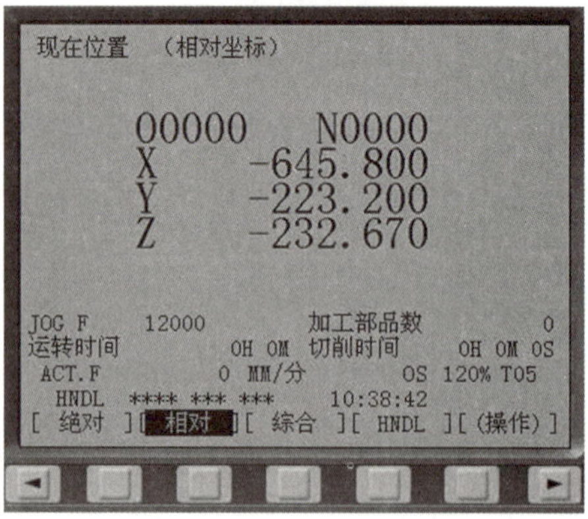

表 3-1-3(续 3)

步骤	操作内容	操作示意(结果)图
10	选择“绝对坐标”	现在位置 (绝对坐标) O0000 N0000 X -0.200 Y -0.400 Z -4.589 JOG F 12000 加工部品数 0 运转时间 0H 0M 切削时间 0H 0M 0S ACT.F 0 MM/分 OS 120% T05 HNDL **** *** *** 10:36:05 [绝对][相对][综合][HNDL][(操作)]
11	记录下 Z 的坐标值	$Z1=-4.589$
12	计算刀具与标准刀具的长度差	$\Delta H=Z1-t=-4.589-0.08=-4.669$ (t 为纸的厚度)
13	按“OFS/SET”选择偏置/设置屏幕	POS PROG OFS/SET SYSTEM MESSAGE CSTM/GR 工件坐标系设定 O0000 N0000 番号 00 (EXT) X 0.000 Y 0.000 Z 0.000 02 (G55) X 0.000 Y 0.000 Z 0.000 01 (G54) X -645.600 Y -222.800 Z -247.259 03 (G56) X 0.000 Y 0.000 Z 0.000 >_ OS 120% T05 HNDL **** *** *** 10:41:52 [补正][SETTING][ ][坐标系][(操作)]
14	按“补正(偏置)”所对应的功能软键,进入刀具补偿设置界面	工具补正 O0000 N0000 番号 形状(H) 磨耗(H) 形状(D) 磨耗(D) 001 0.000 0.000 0.000 0.000 002 0.000 0.000 0.000 0.000 003 0.000 0.000 0.000 0.000 004 0.000 0.000 0.000 0.000 005 0.000 0.000 0.000 0.000 006 0.000 0.000 0.000 0.000 007 0.000 0.000 0.000 0.000 008 0.000 0.000 0.000 0.000 现在位置 (相对坐标) X -589.400 Y -210.800 Z -238.000 >_ OS 120% T05 JOG **** *** *** 22:47:04 [补正][SETTING][ ][坐标系][(操作)]

表 3-1-3(续 4)

步骤	操作内容	操作示意(结果)图
15	利用光标移动键将光标移动到对应的长度补偿地址	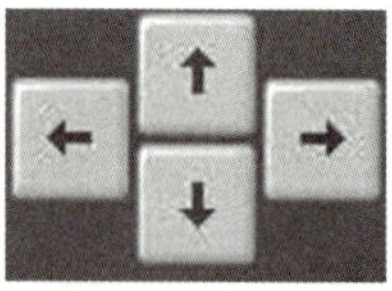 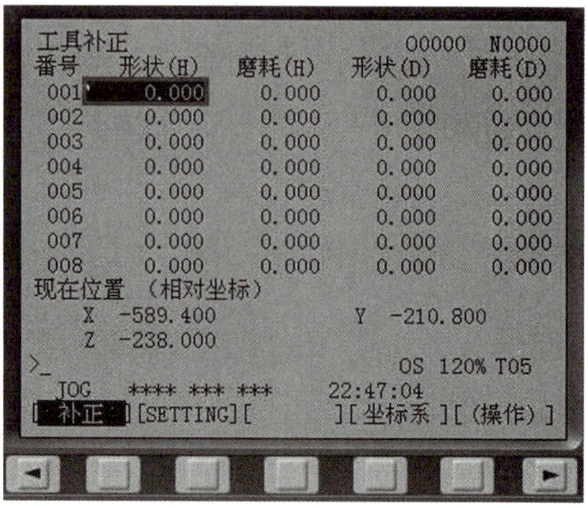 工具补正 O0000 N0000 番号 形状(H) 磨耗(H) 形状(D) 磨耗(D) 001 0.000 0.000 0.000 0.000 002 0.000 0.000 0.000 0.000 003 0.000 0.000 0.000 0.000 004 0.000 0.000 0.000 0.000 005 0.000 0.000 0.000 0.000 006 0.000 0.000 0.000 0.000 007 0.000 0.000 0.000 0.000 008 0.000 0.000 0.000 0.000 现在位置 (相对坐标) X -589.400 Y -210.800 Z -238.000 >_ OS 120% T05 JOG **** *** *** 22:47:04 [补正][SETTING][ ][坐标系][(操作)]
16	运用 MDI 键盘在缓存区中输入 ΔH 值	 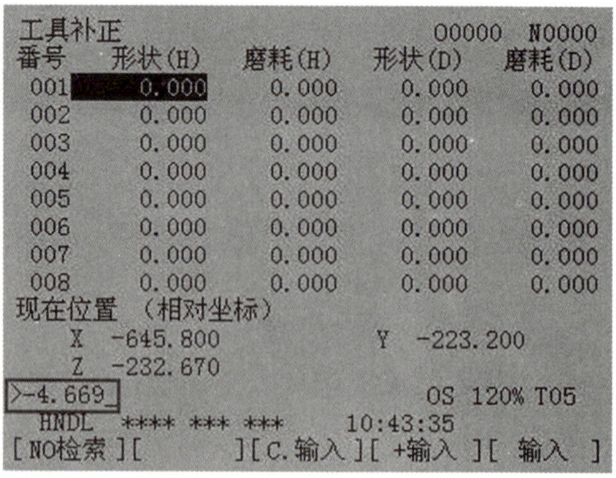 O P N Q G R 7 A 8 B 9 C X U Y V Z W 4 [5] 6 SP M I S J T K 1 - 2 # 3 = F L H D EOB E - + 0 * . / 工具补正 O0000 N0000 番号 形状(H) 磨耗(H) 形状(D) 磨耗(D) 001 0.000 0.000 0.000 0.000 002 0.000 0.000 0.000 0.000 003 0.000 0.000 0.000 0.000 004 0.000 0.000 0.000 0.000 005 0.000 0.000 0.000 0.000 006 0.000 0.000 0.000 0.000 007 0.000 0.000 0.000 0.000 008 0.000 0.000 0.000 0.000 现在位置 (相对坐标) X -645.800 Y -223.200 Z -232.670 >-4.669_ OS 120% T05 HNDL **** *** *** 10:43:35 [NO检索][ ][C.输入][+输入][输入]

表 3-1-3(续 5)

步骤	操作内容	操作示意(结果)图
17	按“INPUT”键,刀具长度补偿设置完毕	SHIFT CAN INPUT ALTER INSERT DELETE 工具补正 O0000 N0000 番号 形状(H) 磨耗(H) 形状(D) 磨耗(D) 001 -4.669 0.000 0.000 0.000 002 0.000 0.000 0.000 0.000 003 0.000 0.000 0.000 0.000 004 0.000 0.000 0.000 0.000 005 0.000 0.000 0.000 0.000 006 0.000 0.000 0.000 0.000 007 0.000 0.000 0.000 0.000 008 0.000 0.000 0.000 0.000 现在位置 (相对坐标) X -645.800 Y -223.200 Z -232.670 >_ OS 120% T05 HNDL **** *** *** 10:45:22 [NO检索][ ][C.输入][+输入][输入]
18	利用相同的方法设置好 2 号刀的长度补偿后,再利用光标移动键将光标移动到对应的半径补偿地址	工具补正 O0000 N0000 番号 形状(H) 磨耗(H) 形状(D) 磨耗(D) 001 -4.669 0.000 0.000 0.000 002 14.509 0.000 0.000 0.000 003 0.000 0.000 0.000 0.000 004 0.000 0.000 0.000 0.000 005 0.000 0.000 0.000 0.000 006 0.000 0.000 0.000 0.000 007 0.000 0.000 0.000 0.000 008 0.000 0.000 0.000 0.000 现在位置 (相对坐标) X -645.800 Y -223.200 Z -232.670 >_ OS 120% T05 HNDL **** *** *** 10:46:34 [NO检索][ ][C.输入][+输入][输入]

表 3-1-3(续 6)

步骤	操作内容	操作示意(结果)图
19	运用 MDI 键盘在缓存区中输入刀具半径偏置值	 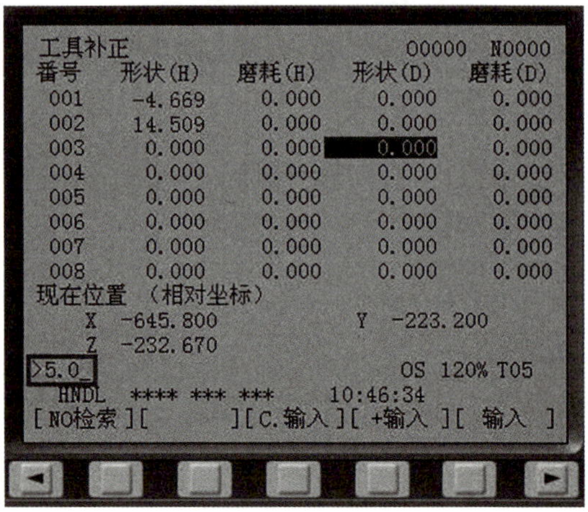
20	按“INPUT”键,刀具半径补偿设置完(其他刀具的刀具补偿设置方法以此类推)	 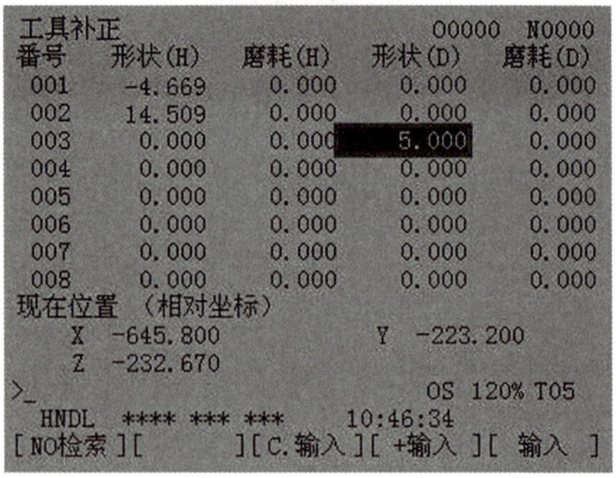

7. 程序输入与编辑

(1)新建程序

“编辑”(EDIT)→“程序”(PROG)→在缓存区中输入要新建的程序号 Oxxxx→“插入”(INSERT)。其中输入的程序号“xxxx”为四个数字,不能和系统中已有的相同,否则出现报警。

注意:当系统设置了程序保护功能的时候,9000 以后的程序号被保护隐藏,不能编辑,也不能显示，使用零件加工程序尽可能使用 9000 以前的程序。

(2)选择已有程序

“编辑”(EDIT)→“程序”PROG→Oxxxx→“O 检索”(或者按向下移动光标键)，也可以直接输入 xxxx 然后按“O 检索”。

(3)删除程序

①删除单个程序：“编辑”(EDIT)→Oxxxx→“删除”(DELETE)。

②删除全部程序：“编辑”(EDIT)→在缓存区中输入“O-9999”→“删除”(DELETE)。

(4)后台编辑程序

“程序”(PROG)→“操作”(OPRT)→“下一页”→“后台编辑”BG-END→新建或检索程序→编辑程序。

注意：后台编辑一般使用在自动加工零件的同时输入程序，后台编辑程序时，选择程序只能是已有的程序，且当前加工程序不能被编辑；新建的程序号不能和已有的程序号相同，否则发生 PS 报警。当发生 PS 报警时，直接按“取消”(CAN)键删除报警。

8. 校验程序

(1)校验程序的基本操作步骤

“自动”(MEM)→“机床锁住”→“空运行”→程序”(PROG)→在缓存区中输入要调试的程序号“Oxxxx”→“O 检索”(或者按向下移动光标键)→“CSTM/GR”→“循环启动”→观察程序规定刀具的轨迹，检查程序的正确性。

(2)校验程序过程中应注意的问题

①机床锁住只能锁住机床的移动轴，并不能锁住机床的主轴和机床的刀库，所以模拟的程序中不能够含有换刀指令，若有的话应该用选择跳段功能把换刀程序跳过或者在效验过程中把换刀指令删除，以免在模拟的过程中发生意外。有 MST 锁住功能的机床校验时一定要选择此功能。

②程序模拟的图形是刀位点(刀具中心)的运动轨迹，并且坐标显示也是刀位点(刀具中心)坐标(注意刀补已经计算在坐标内)。所以所观察的图形和零件实际形状会有所偏差。

③程序错误分为有报警错误和无报警错误。有报警错误在模拟时若无法运行会发生报警；无报警错误可以运行但轨迹错误，可能产生过切、欠切、撞刀等事故。因此，在调试时应注意观察坐标值是否正确。

④因数控系统都有程序预读的功能，所以调试过程中发生报警时错误通常发生在程序运行的后三行内。

(3)程序中经常存在的错误

①程序使用的工件坐标系与设置的工件坐标系不重合；

②程序中忘记启动主轴，或把两个辅助功能指令放在同一行；

③下刀点计算错误，导致立铣刀在工件上垂直下刀；

④程序中在第一个 G01 方式下忘记输 *F* 值；

⑤刀具补偿左右方向搞错，并且容易漏写偏置地址 Dxx；

⑥输入程序时容易出现坐标值输入错误，例如漏掉 *X*、*Y* 和 *Z* 的负号等；

⑦加工圆弧时容易漏输圆弧半径 Rxx 或者优弧半径忘记带负号；

⑧圆弧切出后取消刀补没有改在 G01 或 G00 方式下；

⑨在垂直平面方向上运动来取消刀具半径补偿；

⑩在使用刀具半径补偿的情况下出现过小尖角的轨迹导致过切报警。

9. 零件加工

(1)执行程序自动加工基本操作

①自动运行

当零件装夹、刀具、刀具补偿、工件坐标系和程序均准备就绪时，可执行程序自动加工工件，零件程序自动运行的基本操作步骤如下：

“自动”(MEM)→“程序”(PROG)→在缓存区中输入要执行的程序号“Oxxxx”→“O 检索”(或者按向下移动光标键)→“循环启动”(如果要执行的程序已经在前台了，则直接按“循环启动”即可)。

注意：在 FANUC 0I MC 数控系统中，在机床锁住校验过零件加工程序以后，一定要再次进行机床回零操作，才能执行程序自动加工，否则有可能发生工件坐标系偏移造成撞刀事故。

②单段运行

单段运行主要应用在零件首件试切的场合或者校验程序为了检查某个特定位置程序的执行坐标位置的场合。其基本操作步骤如下：

“自动”(MEM)→“单段”→在缓存区中输入要执行的程序号“Oxxxx”→“O 检索”(或者按向下移动光标键)→“循环启动”(如果要执行的程序已经在前台了，则直接按“循环启动”即可)。

③指定行运行

指定行运行一般用于加工过程出现中断后再次启动程序加工的场合。其基本操作步骤如下：

“编辑”(EDIT)→“程序”(PROG)→在缓存区中输入要执行的程序号“Oxxxx”→“O 检索”(或者按向下移动光标键)→在缓存区中输入要执行的开始行号“Nxx”→“N 检索”(或者按向下移动光标键)→“自动”(MEM)→“循环启动”。

(2)执行程序自动加工零件注意事项

①程序校验好后在自动加工前机床坐标轴一定要重新回零；

②刚开始加工时将进给倍率、快速倍率调到最小，确定程序没有问题后再慢慢加大到合适参数；

③加工声音是否正常；

④加工轨迹和刀补是否正确；

⑤加工铁屑是否能顺利排出；

⑥加工进给速度、主轴转速倍率是否合适；

⑦加工过程是否和编程时理解的含义一致；

⑧加工时冷却液是否正常。

10. 关机

零件加工结束后，进行关机操作。关机的基本操作步骤如下：

“手动”（JOG）→利用轴移动键或者手摇脉冲发生器将机床各坐标轴移动到中间位置→按下急停旋钮→关闭系统电源→关闭机床电源→关闭外部电源（关机前坐标轴停在中间位置）。

11. 填写工作日志

每次加工完毕后，填写工作日志，日志应包括以下几个方面内容：

（1）使用了哪些设备、工量辅具等；

（2）加工了哪些零件；

（3）设备运行情况如何；

（4）加工完毕后机床保养情况如何。

【任务实施】

一、工具材料领用及准备

工具材料及工作准备如表 3-1-4 所示。

表 3-1-4　工具材料及工作准备

1. 工具/设备/材料：

类别	名称	规格型号	单位	数量
工具	自定心卡盘	通孔直径大于 80 mm	个	1
	机用虎钳	开口大于 100 mm	台	1
	扳手	和机用平口钳匹配	把	1
	平行垫铁		副	1
	木榔头		把	1
	锉刀		套	1
量具	游标卡尺	0~150 mm/0.02 mm	把	1
	钢直尺	200 mm	把	1
	千分尺	25~75 mm	把	1
	百分表	0~8 mm/0.01 mm	块	1
	磁性表座	CA-Z3	套	1
	螺纹环规	$M32\times1.5$	套	1
刀具	外圆车刀	刀杆 25 mm×25 mm，硬质合金	把	1
	切槽刀	3 mm，硬质合金	把	1
	外螺纹车刀	60°，硬质合金	把	1
	立铣刀	ϕ16 mm，四刃，硬质合金	把	1
	立铣刀	ϕ8 mm，四刃，硬质合金	把	1
耗材	圆棒料	ϕ70 mm×60 mm 45 号钢		

表 3-1-4(续)

2. 工作准备
(1)技术资料:工作任务卡 1 份、教材、FANUC 系统数控操作说明书
(2)工作场地:有良好的照明、通风和消防设施等条件
(3)工具、设备和材料:按“工具/设备/材料”栏目准备相关工具、设备和材料
(4)建议分组实施教学:每 2~3 人为一组,每组准备一台数控车床、一台加工中心。通过分组讨论完成零件的工艺分析及加工工艺方案设计,通过演示和操作训练完成零件的加工
(5)劳动保护:穿戴劳保用品、工作服

二、工艺分析

1. 确定装夹方案和定位基准

根据泄压螺钉结构特点,在车削与铣削过程中,装夹方案和定位基准如下:

(1)车削圆周的定位夹具采用自定心卡盘,两次装夹结合坯料进行;

(2)铣削加工右端轴身部分,采用自定心卡盘装夹,并且注意保证与轴线垂直;

(3)铣削加工左端槽轮部分,采取机用虎钳装夹,夹持轴的两平行面。

2. 选择刀具及切削用量

(1)切削用量的选择

切削用量的选择包括背吃刀量、主轴转速和进给速度三项。泄压螺钉的材料为 45 号钢,刀具材料均为硬质合金,切削具体要求如下:

①背吃刀量。须考虑机床、刀具、装夹的刚性,车削最好一次切净余量,以提高生产率。根据产品实际情况,泄压螺钉精加工量一般不超过 2 mm,同时为了保证加工精度和表面粗糙度,一般都留有一定的精加工余量,精车余量为 0. 1~0. 5 mm。

②主轴转速。主轴转速应根据零件上被加工部位的直径,并按零件和刀具的材料及加工性质等条件所允许的切削速度来确定。

③进给速度。进给速度的大小直接影响表面粗糙度和车削效率,因此应在保证表面质量的前提下,选择较高的进给速度。

(2)切削刀具选择

根据泄压螺钉的轮廓几何要素,在车削与铣削过程中,所用的刀具如下:

①外圆车削部分,选用外圆车刀,刀具材料一般采用硬质合金;

②切槽加工部分,根据槽宽选用 3 mm 切槽刀,刀具材料一般采用硬质合金;

③外螺纹加工部分,根据螺纹参数,选用 60°外螺纹车刀,刀具材料一般采用硬质合金;

④铣削加工部分,根据铣削量与槽宽,选用 B8 mm 的硬质合金立铣刀。

3. 确定加工顺序

泄压螺钉零件加工顺序如下:

(1)车削泄压螺钉右端部分;

(2)车削泄压螺钉左端部分;

(3)铣削泄压螺钉右端部分;

(4)铣削泄压螺钉左端槽轮部分。

三、编程

泄压螺钉零件右端螺纹加工程序如表 3-1-5 所示。

表 3-1-5　右端螺纹加工程序单

程序内容	说明
%0003;	程序号
T0202;	选择刀具
M3 S700;	主轴正转 700 r/min
G0 X100 Z100;	
G0 X34 Z3;	刀具定位到起始点
G92 X31. 8 Z-12. 1 F1. 5;	螺纹切削
X31. 6;	
X31. 4;	
x31. 2;	
x31;	
X30. 8;	
X30. 6;	
X30. 4;	
X30. 2;	
x30. 1;	
X30. 5;	
X30. 05;	
G0 Z100;	
M30;	程序结束
%	

泄压螺钉右端精铣加工程序如表 3-1-6 所示。

表 3-1-6　孔加工程序单

程序内容	说明
%0002	程序号
N12 G90 G54 G0 X19. 798 Y31. 1 S2200 M03;	建立加工坐标系,主轴正转 22 000 r/min
N14 Z100. ;	刀具定位
N16 Z-16. ;	轮廓切削
N18 G01 Z-26. F500;	
N20 X9. 798 F600;	
N22 X-9. 798;	
N26 Z-16. F2000;	
N28 G0 Z50. ;	
N30 X19. 798;	
N32 Z-24. ;	

表 3-1-6(续)

程序内容	说明
N34 G01 Z-34. F500; N36 X9.798 F600; N38 X-9.798; N40 X-19.798; N42 Z-24. F2000; N44 G0 Z100.; N46 M09; N48 M05; N50 M30; %	 主轴停止转动 程序结束

切断后,掉头装夹台阶面、平端面,倒角,保证总长尺寸,此过程可手动操作完成。

四、加工

加工前准备工作:①确保机床开启后回过参考点;②检查机床的快速修调倍率和进给修调倍率,一般快速修调倍率在 20%以下,进给修调倍率在 50%以下,以防止速度过快导致撞刀。

加工时如果不确定对刀是否正确,可采用单段加工的方式进行。在确定每把刀具在所建立的坐标系中第一个点正确后,可自动加工。执行工作计划表如表 3-1-7 所示。

表 3-1-7　执行工作计划表

序号	操作流程	工作内容	学习问题反馈
1	开机检查	接通气源(气泵电源)→按下急停→接通外部电源→接通机床电源→接通系统电源→右旋急停	
2	机床回零	选择回零(REF)工作方式→将快速倍率调至最大(快速倍率键都不亮时)→按“Z”→待 Z 轴回到零点后按“Y”→“X”→“4”(先回 Z 轴再回 X 和 Y 轴)	
3	工件装夹	先在加工中心机床中利用三爪夹盘装夹;然后在车床上利用专用夹盘装夹以加工好的外六方	
4	刀具安装	在车床上安装外圆车刀、切断车刀及螺纹车刀;在加工中心机床安装立铣刀	
5	对刀操作	采用试切法对刀,建立数控车床和加工中心的工件坐标系	
6	程序传输	将编写好的加工程序通过传输软件上传到数控系统中	
7	程序检验	锁住机床,调出所需加工程序,在“图形检验”功能下,实现零件加工刀具运动轨迹的检验	
8	零件加工	运行程序,完成零件加工。选择单步运行,结合程序观察走刀路线和加工过程	
9	零件检测	用量具检测加工完成的零件	

五、检测

加工完成后对零件的尺寸精度和表面质量做相应的检测，如有误差则分析原因，避免下次加工再出现类似情况。

【任务拓展】

加工图3-1-3所示阀杆零件，材料为45号钢，材料规格为ϕ22 mm×78 mm。要求：分析零件加工工艺，编制加工程序，并完成该零件加工。

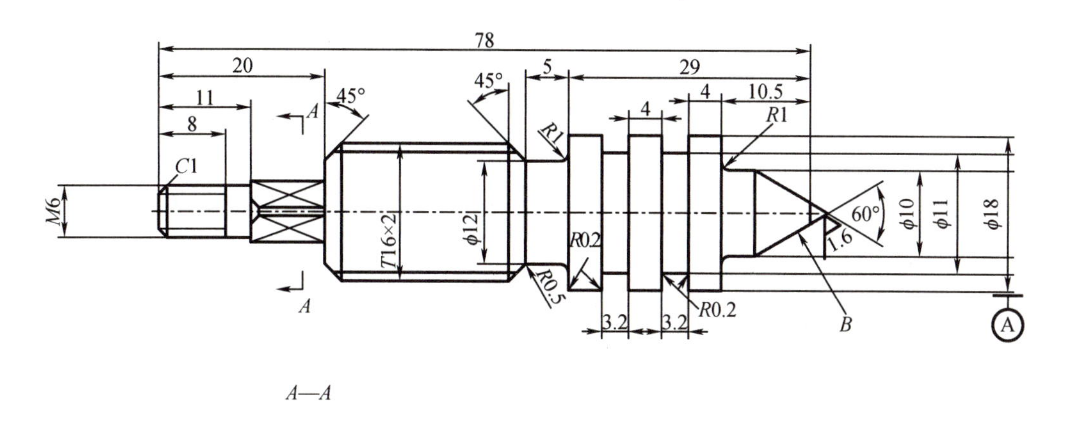

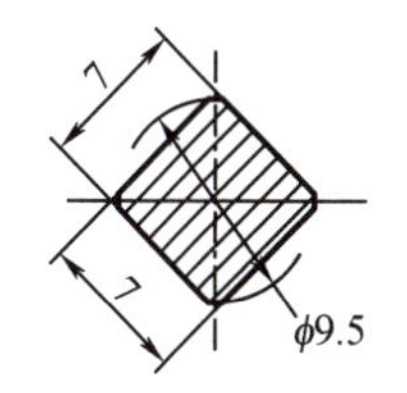

技术要求：
1.清理毛刺，锐角倒钝；
2.未注公差按GB/T 1804-c级精度加工。

图3-1-3　阀杆零件

【实训报告】

一、实训任务书

<table>
<tr><td>课程名称</td><td colspan="3">数控加工综合实训</td><td>项目3</td><td>数控车铣综合加工实训</td></tr>
<tr><td>任务1</td><td colspan="3">泄压螺钉零件数控车铣复合加工</td><td>建议学时</td><td>4</td></tr>
<tr><td>班级</td><td></td><td>学生姓名</td><td></td><td>工作日期</td><td></td></tr>
<tr><td>实训目标</td><td colspan="5">1. 能够编制简单车铣复合工艺零件数控加工的加工工艺；
2. 能够完成数控车床的基本操作并运用数控车床完成车铣复合工艺零件车削部分内容的加工；
3. 能够在数控加工中心上使用机用平口钳装校棒料毛坯零件、对刀设置工件坐标系的基本操作；
4. 能够选择简单车铣复合工艺零件加工过程中的刀具及切削用量；
5. 能够完成数控加工中心的基本操作及简单车铣复合工艺零件铣削部分内容加工</td></tr>
</table>

表(续)

实训内容	1. 制定泄压螺钉零件机械加工工艺过程卡片 会分析泄压螺钉零件图样,进而确定零件装夹方案、加工刀具、加工路径、切削参数,并填写机械加工工艺过程卡片。 2. 编制泄压螺钉零件数控加工程序 掌握数控车削、数控铣削加工指令,编写泄压螺钉零件的数控加工程序,并保证程序的准确性、合理性。 3. 利用数控车床、立式加工中心加工泄压螺钉零件 熟悉数控车床、加工中心机床面板各按键的功能,掌握数控车床、加工中心机床的基本操作,利用 FANUC 数控系统车床及加工中心加工中间转轴零件
安全与文明生产要求	操作人员必须熟悉数控车床、加工中心机床使用说明书等有关资料;开机前应对机床进行全面细致的检查,确认无误后方可操作;机床开始工作前要有预热,认真检查润滑系统工作是否正常,如机床长时间未开动,可先采用手动方式向各部分供油润滑;数控车床通电后,检查各开关、按钮和按键是否正常、灵活,机床有无异常现象;检查电压、油压是否正常
提交成果	实训报告、泄压螺钉零件
对学生的要求	1. 具备机械加工工艺、数控编程的基础知识; 2. 具备数控车床、加工中心机床操作的知识; 3. 具备一定的实践动手能力、自学能力、数据计算能力、沟通协调能力、语言表达能力和团队意识; 4. 执行安全、文明生产规范,严格遵守实训车间制度和劳动纪律; 5. 着装规范(工装),不携带与生产无关的物品进入实训场地; 6. 完成"泄压螺钉零件数控车削加工"实训报告,并加工出泄压螺钉零件
考核评价	评价内容:程序及工艺评价;机床操作评价;工件质量评价;文明生产评价等。 评价方式:由学生自评(自述、评价,占 10%)、小组评价(分组讨论、评价,占 20%)、教师评价(根据学生学习态度、工作报告及现场抽查知识或技能进行评价,占 70%)构成该同学该任务成绩

二、实训准备工作

<table>
<tr><td>课程名称</td><td colspan="3">数控加工综合实训</td><td>项目 3</td><td>数控车铣综合加工实训</td></tr>
<tr><td>任务 1</td><td colspan="3">泄压螺钉零件数控车铣复合加工</td><td>建议学时</td><td>4</td></tr>
<tr><td>班级</td><td></td><td>学生姓名</td><td></td><td>工作日期</td><td></td></tr>
<tr><td>场地准备描述</td><td colspan="5"></td></tr>
<tr><td>设备准备描述</td><td colspan="5"></td></tr>
<tr><td>刀、夹、量、
工具准备描述</td><td colspan="5"></td></tr>
<tr><td>知识准备描述</td><td colspan="5"></td></tr>
</table>

三、实训记录

1. 泄压螺钉零件机械加工工艺过程卡

<table>
<tr><td colspan="2">产品名称及型号</td><td></td><td colspan="2">零件名称</td><td colspan="2"></td><td colspan="2">零件图号</td><td colspan="2"></td></tr>
<tr><td rowspan="3">材料</td><td>名称</td><td>45 号钢</td><td rowspan="2">毛坯</td><td>种类</td><td colspan="2">棒料</td><td rowspan="2">零件质量
/kg</td><td>毛重</td><td></td><td>共 1 页</td></tr>
<tr><td>牌号</td><td></td><td>尺寸</td><td colspan="2">ϕ70 mm×60 mm</td><td>净重</td><td></td><td>第 1 页</td></tr>
<tr><td>性能</td><td colspan="3"></td><td>每台件数</td><td colspan="2"></td><td>每批件数</td><td colspan="2"></td></tr>
</table>

<table>
<tr><td rowspan="2">工序</td><td rowspan="2">工步</td><td rowspan="2">工序内容</td><td rowspan="2">同时加工
零件数</td><td colspan="3">切削用量</td><td rowspan="2">设备名称
及编号</td><td colspan="3">工艺装备名称及编号</td><td rowspan="2">技术等级</td><td colspan="2">工时额定</td></tr>
<tr><td>背吃刀量
/mm</td><td>切削速度
/(mm/min)</td><td>主轴转速
/(r/min)</td><td>夹具</td><td>刀具</td><td>量具</td><td>单件</td><td>准备—
终结</td></tr>
<tr><td></td><td></td><td></td><td></td><td></td><td></td><td></td><td></td><td></td><td></td><td></td><td></td><td></td><td></td></tr>
<tr><td></td><td></td><td></td><td></td><td></td><td></td><td></td><td></td><td></td><td></td><td></td><td></td><td></td><td></td></tr>
<tr><td></td><td></td><td></td><td></td><td></td><td></td><td></td><td></td><td></td><td></td><td></td><td></td><td></td><td></td></tr>
<tr><td></td><td></td><td></td><td></td><td></td><td></td><td></td><td></td><td></td><td></td><td></td><td></td><td></td><td></td></tr>
<tr><td></td><td></td><td></td><td></td><td></td><td></td><td></td><td></td><td></td><td></td><td></td><td></td><td></td><td></td></tr>
<tr><td></td><td></td><td></td><td></td><td></td><td></td><td></td><td></td><td></td><td></td><td></td><td></td><td></td><td></td></tr>
<tr><td></td><td></td><td></td><td></td><td></td><td></td><td></td><td></td><td></td><td></td><td></td><td></td><td></td><td></td></tr>
<tr><td></td><td></td><td></td><td></td><td></td><td></td><td></td><td></td><td></td><td></td><td></td><td></td><td></td><td></td></tr>
<tr><td></td><td></td><td></td><td></td><td></td><td></td><td></td><td></td><td></td><td></td><td></td><td></td><td></td><td></td></tr>
<tr><td></td><td></td><td></td><td></td><td></td><td></td><td></td><td></td><td></td><td></td><td></td><td></td><td></td><td></td></tr>
<tr><td></td><td></td><td></td><td></td><td></td><td></td><td></td><td></td><td></td><td></td><td></td><td></td><td></td><td></td></tr>
<tr><td></td><td></td><td></td><td></td><td></td><td></td><td></td><td></td><td></td><td></td><td></td><td></td><td></td><td></td></tr>
</table>

抄写		校对		审核		批准	

2. 零件加工程序单

程序内容	程序说明

3. 任务实施情况分析单

任务实施过程	存在的问题	解决的办法
机床操作		
加工程序		
加工工艺		
加工质量		
安全文明生产		

四、考核评价表

考核项目	技术要求	分值	学生自评（10%）	小组评分（20%）	教师评分（70%）	实得分
程序及工艺（15%）	程序正确完整	5				
	切削用量合理	5				
	工艺过程规范合理	5				
机床操作（20%）	刀具选择安装正确	5				
	对刀及工件坐标系设定正确	5				
	机床操作规范	5				
	工件加工正确	5				
工件质量（40%）	尺寸精度符合要求	30				
	表面粗糙度符合要求	8				
	无毛刺	2				
文明生产（15%）	安全操作	5				
	机床维护与保养	5				
	工作场所整理	5				
相关知识及职业能力（10%）	数控加工基础知识	2				
	自学能力	2				
	表达沟通能力	2				
	合作能力	2				
	创新能力	2				
总分		100				

任务2 连接法兰零件数控车铣复合加工

【任务描述】

本任务介绍使用数控车床和加工中心设备，分别采用三爪自定心卡盘和机用平口钳对零件装夹定位，加工如图3-2-1所示的连接法兰零件。对连接法兰零件工艺编制、程序编写及数控车铣复合加工全过程进行讲解。

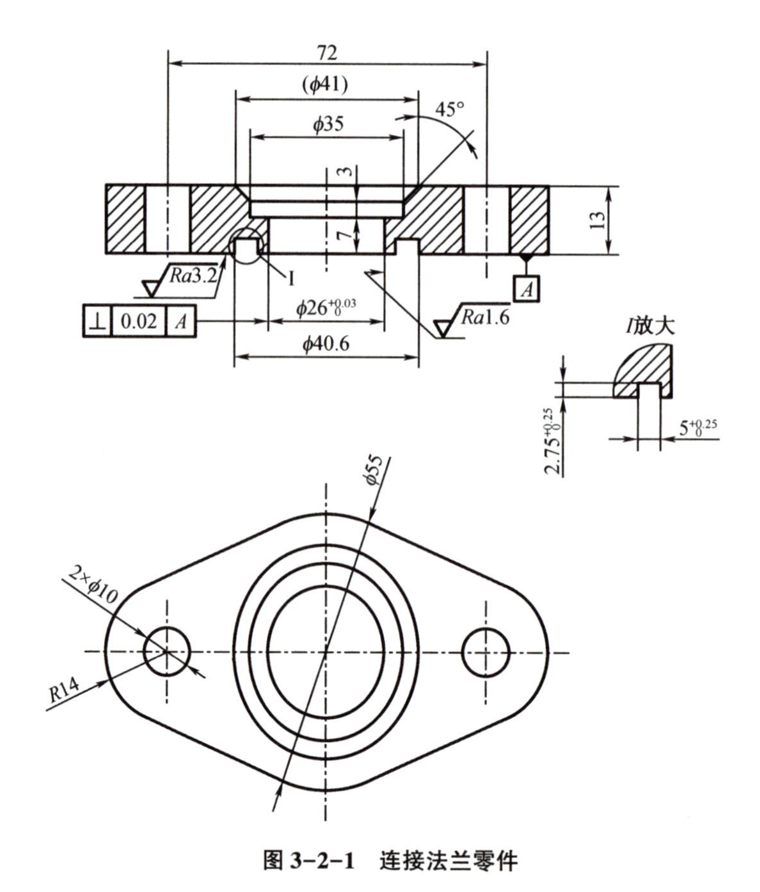

图 3-2-1　连接法兰零件

【任务分析】

连接法兰所用材料为 45 号钢,备料毛坯尺寸为 φ105 mm×15 mm 的圆棒料。加工要用到车削加工与铣削加工,属于车铣复合加工类零件,加工工艺及程序编写至关重要,直接影响到是否能顺利完成加工任务。

【相关知识】

一、制定零件工艺规程的步骤

零件的工艺规程就是零件的加工方法和步骤。它的内容包括:排列加工工序(包括热处理工序),确定各工序所用的机床、装夹方法、度量方法、加工余量、切削用量和工时定额等,并将各项内容填写在一张工艺卡上,用来指导生产加工过程。

制定零件工艺规程的步骤如下:

(1)对零件进行工艺分析;

(2)毛坯的选择;

(3)定位基准的选择;

(4)工艺路线的制定;

(5)选择制造机床设备;

(6)选择制造刀具、夹具、量具及其他辅助工具;

(7)确定工序的加工余量、工序尺寸及公差;

(8)确定工序的切削用量;

(9)估算时间定额;

(10)填写工艺文件。

二、工件的找正与夹紧

1. 工件找正

用相应的工具和量具确定工件与刀具的正确位置和角度的过程,称为工件找正。

2. 工件夹紧

工件找正定位后,将工件固定,使其保持正确位置,称为工件夹紧。为了保证工件的加工质量,在夹紧过程中要注意以下事项:

(1)工件在夹紧过程中,不应改变找正定位时的正确位置,保证工件定位准确。

(2)夹紧力要稳定可靠,确保在加工过程中工件不发生位移,即夹紧力不能太大,也不能太小。

(3)正确选择夹紧部位及夹压点,使工件在夹紧状态下的变形最小。

(4)能迅速完成工件夹紧,并且装卸方便。

保证工件正确找正与夹紧,是完成零件加工的首要工作,而采取何种措施来保证工件在夹紧状态下的变形最小是零件加工经常面临又很难解决的问题。

三、数控加工工序与工步的划分

数控加工工序与工步的划分要根据零件的结构特点、技术要求等情况综合考虑。

1. 工序的划分

在数控机床上加工零件,工序可以比较集中,在一次装夹中尽可能完成大部分或全部的工序,一般工序划分有以下几种方式:

(1)按零件装夹定位方式划分工序

零件结构形状不同,加工时定位方式也有差异。一般加工外形时以内形定位,加工内形时又以外形定位。因而可根据定位方式的不同来划分工序。

(2)按粗、精加工划分工序

根据零件的加工精度、刚度和变形等因素来划分工序时,可按粗、精加工分开的原则来划分工序,即先粗加工再精加工。

(3)按所用刀具划分工序

为了减少换刀次数,缩减空程时间,减少不必要的定位误差,可按刀具集中工序的方法加工零件,即在一次装夹中,尽可能用同一把刀具加工出可以加工的所有部位,然后再换另一把刀具加工其他部位。

2. 工步的划分

工步的划分主要从加工精度和效率两方面来考虑。在一个工序内往往需要采用不同的刀具和切削用量,对不同的表面进行加工。工步划分的原则为:

(1)同一表面按粗加工、半精加工、精加工依次完成,或全部加工表面按先粗加工后精加工分开进行。

(2)按刀具划分工步,以减少换刀次数,提高生产率。

四、万能分度头

万能分度头如图3-2-2所示。在铣削加工中,常会遇到铣四方、六方、齿轮、花键和刻线加工螺旋槽及球面等工作。这时,就需要利用万能分度头来分度。

1. 万能分度头的作用

(1)能使工件实现绕自身的轴线周期地转动一定的角度(即进行分度)。

(2)利用分度头主轴上的卡盘夹持工件,使被加工工件的轴线相对于铣床工作台在向上90°和向下10°的范围内倾斜成需要的角度,以加工各种位置的沟槽、平面等,如铣锥齿轮。

(3)与工作台纵向进给运动配合,通过配换交换齿轮,能使工件连续转动,以加工螺旋沟槽、斜齿轮等。

2. 万能分度头的结构

万能分度头内部结构如图3-2-3所示。

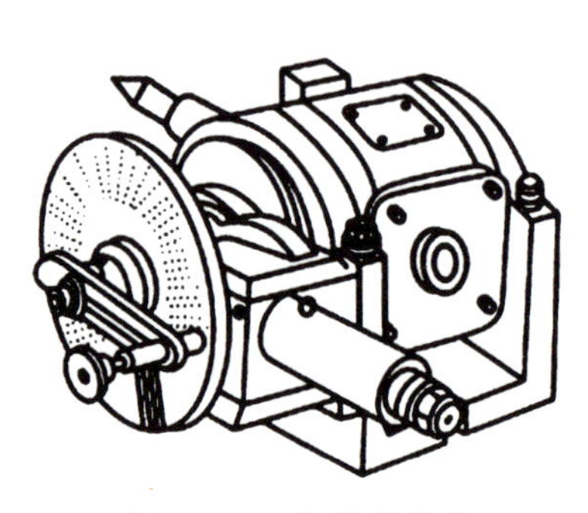

图3-2-2 万能分度头

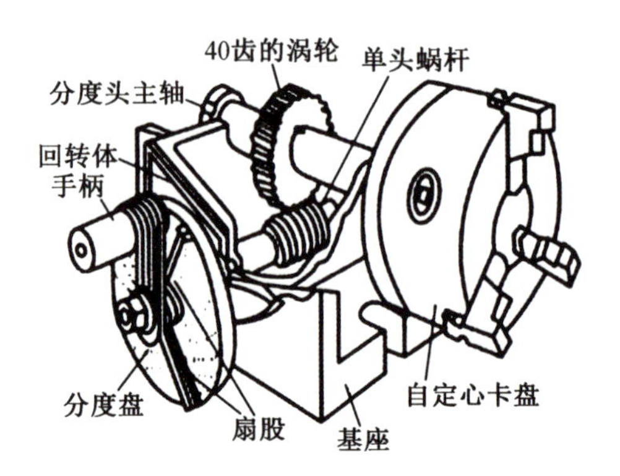

图3-2-3 万能分度头内部结构

(1)分度头的主轴是空心的,两端均为锥孔,前锥孔可装入顶尖(莫氏4号),后锥孔可装入心轴,以便在差动分度时挂轮,把主轴的运动传给侧轴可带动分度盘旋转。主轴前端外部有螺纹,用来安装自定心卡盘。

(2)松开壳体上部的两个螺钉,主轴可以随回转体在壳体的环形导轨内转动,因此主轴除安装成水平外,还能扳成倾斜位置。当主轴调整到所需的位置后,应拧紧螺钉。主轴倾斜的角度可以从刻度上看出。

(3)在壳体下面固定有两个定位块,以便与铣床工作台面的T形槽相配合,用来保证主轴轴线准确地平行于工作台的纵向进给方向。

(4)手柄用于紧固或松开主轴,分度时松开,分度后紧固,以防在铣削时主轴松动。另一手柄是控制蜗杆的手柄,它可以使蜗杆和蜗轮啮合或脱开(即分度头内部的传动切断或结合),在切断传动时,可用手转动分度头主轴。万能分度头外形蜗轮与蜗杆之间的间隙可用螺母调整。

3. 分度头的计算

分度头中蜗杆和蜗轮的传动比 i=蜗杆的头数/蜗轮的齿数=1/40,也就是说,当手柄通过一对直齿轮(传动比为1:1)带动蜗杆转动一周时,蜗轮只能带动主轴转过1/40周。

若工件在整个圆周上的分度数目 z 为已知时,则每分一个等分就要求分度头主轴转 $1/z$ 圈。这时分度手柄所需转的圈数 n 即可由下列比例关系推得:

$$1:40=1/z:n$$

即

$$n=40/z$$

式中　n——手柄转数；

z——工件的等分数；

40——分度头定数。

简单分度法：铣削 $z=9$ 的齿轮，$n=40/9$，即每铣一齿，手柄需要转过 40/9 圈。分度手柄的准确转数是借助分度盘来确定的。分度盘正、反两面有许多孔数不同的孔圈。例如，“环球”牌 F11125 型分度盘各圈孔数如下：

第一面：24，25，28，30，34，37，38，39，41，42，43；

第二面：46，47，49，51，53，54，57，58，59，62，66。

当 $n=40/9$ 圈时，先将分度盘固定，再将分度手柄的定位销调整到孔数为 9 的倍数的孔圈上，若在孔数为 54 的孔圈上，此时手柄转过 4 圈后，再沿孔数为 54 的孔圈转过 24 个孔距即可，即

$$n=40/9=4+4/9=4+24/54\text{ 圈}$$

4. 分度头装夹工件

分度头装夹工件一般用在等分工作中。既可以用分度头卡盘（或顶尖）与尾架顶尖一起装夹轴类零件，也可以只使用分度头卡盘装夹工件。又由于分度头的主轴可以在垂直平面内转动，因此可以利用分度头在水平、垂直及倾斜位置装夹工件。

五、夹具设计相关知识

1. 工装夹具设计的基本原则

（1）满足使用过程中工件定位的稳定性和可靠性；

（2）有足够的承载或夹持力度以保证工件在工装夹具上进行的施工过程；

（3）满足装夹过程中的简单与快速操作；

（4）易损零件必须是可以快速更换的结构，条件充分时最好不需要使用其他工具进行；

（5）满足夹具在调整或更换过程中重复定位的可靠性；

（6）尽可能地避免使用结构复杂、成本高的夹具；

（7）尽可能选用市场上质量可靠的标准件作为组成零件；

（8）满足夹具使用国家或地区的安全法令法规的要求；

（9）设计方案遵循手动、气动、液压、同服的依次优先选用原则；

（10）形成产品的系列化和标准化。

2. 夹具设计的基本要求

（1）工装夹具应具备足够的强度和刚度；

（2）具有夹紧的可靠性；

（3）具有焊接操作的灵活性；

（4）便于焊件的装卸；

（5）良好的工艺性。

3. 夹具结构工艺性

（1）对夹具良好工艺性的基本要求：

①整体夹具结构的组成，应尽量采用各种标准件和通用件，制造专用件的比例应尽量少，减少制造劳动量并降低成本。

②各种专用零件和部件结构形状应容易制造、测量，装配和调试方便。

③便于夹具的维护和修理。

（2）合理选择装配基准：

①装配基准应该是夹具上一个独立的基准表面或线，其他元件的位置只对此表面或线进行调整和修配。

②装配基准一经加工完毕，其位置和尺寸就不应再变动。因此，那些在装配过程中自身的位置和尺寸尚须调整或修配的表面或线不能作为装配基准。

（3）结构的可调性经常采用的是依靠螺栓紧固、销定位的方式。调整和装配夹具时，可对某一元件尺寸较方便地修磨。还可采用在元件与部件之间设置调整垫圈、调整垫片或调整套等来控制装配尺寸，补偿其他元件的装配误差，提高夹具精度。

（4）维修方便。进行夹具设计时，应考虑到维修方便性的问题。

（5）选择制造工装夹具的材料时，应该主要考虑夹具的使用寿命和夹具的制造成本。

六、端面槽的加工

加工带有轴向槽的工件，重要的是正确选择刀柄。由于刀柄必须深入到有曲率的槽中，因此刀柄也应该是弯曲的。

1. 常见的端面槽种类

常见的端面槽种类如图 3-2-4 所示。

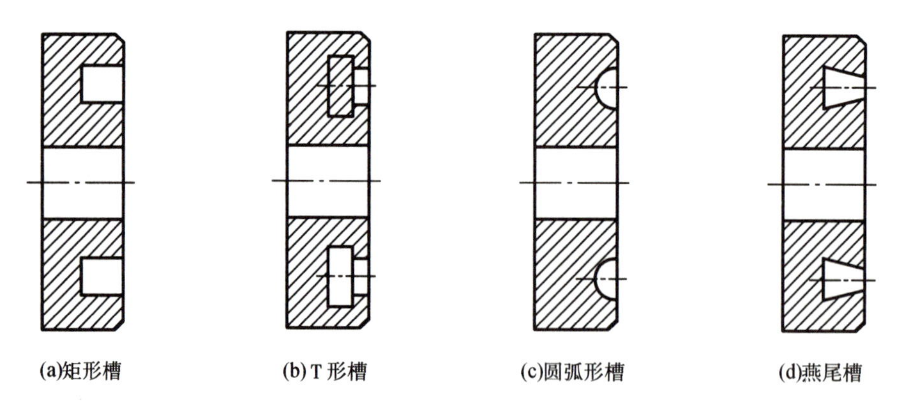

图 3-2-4　常见的端面槽种类

2. 刀具的选择

图 3-2-5 所示为推荐的与端面切槽刀直径相关的 CoroCut、CoroTurn 和 Q-Cut 刀片槽形。

首选 CoroCut 双刃加工方案。TF 槽形用于低进给量，GM 槽形用于中等进给量，RM 槽形用于槽底为圆弧的端面切槽。TF 槽形和 GM 槽形具有正前角，这消除了产生积屑瘤的风险。由于修光刃设计，TF 槽形具有良好的切屑控制能力和加工表面质量。RM 槽形具有出色的切屑控制能力和良好的加工表面质量。次选 Q-Cut151.3 的 7G 槽形，用于中等进给量。

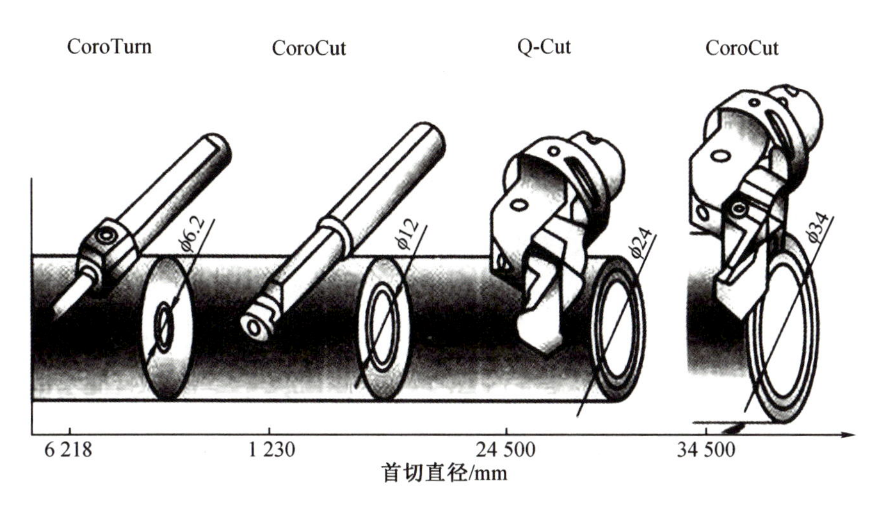

图 3-2-5　端面切槽刀的类型

对于中等直径,使用槽形为 7G 或 7P 的 Q-Cut151.3。首选为 7G 槽形,该槽形具有可获得良好表面质量的修光刃设计。两种槽形均有良好的切屑控制能力。对于小直径(6.2~30 mm),使用 CoroTurn XS 或 CoroCut MB 系统,两种刀片都具有锋利的切削刃,在低进给量下可获得良好的加工表面质量;切槽深度可达 4.5 mm,角度有 7°、45°和 70°之分,有右手型和左手型。

CoroTurn SL 端面切槽刀板也可以与 Coromant Capto 和常规接杆一起使用,这样能够获得多种不同的组合,如图 3-2-6 所示。

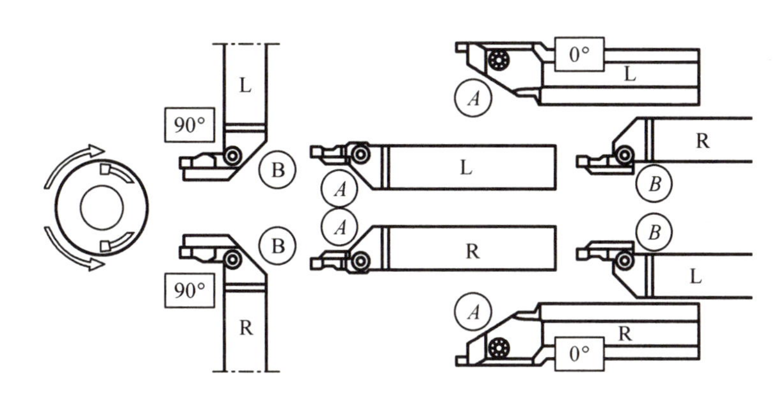

R—右手刀柄;L—左手刀柄;*A*—*A* 曲线;*B*—*B* 曲线。

图 3-2-6　端面切槽刀刀片与刀杆的组合类型

根据机床设置和工件旋转方向,选择正确的刀具(*A* 曲线或 *B* 曲线、右手型或左手型),如图 3-2-7 所示。

3. 应用

(1)粗加工如图 3-2-8 所示,当粗加工时,首刀①总是从最大直径处开始并向内加工。首刀提供切屑控制,但是断屑较少。第二刀②和第三刀③宽度应为 0.5~0.8 倍刀片宽度,可获得可接受的断屑效果并且可以稍微增加进给量。

(2)精加工如图 3-2-9 所示,当精加工时,在给定直径范围内首刀①开始加工、第二刀②精加工直径。端面车削半径总是从外向内(总是向内车削)。最后,第三刀③将内径精加

工至正确尺寸。

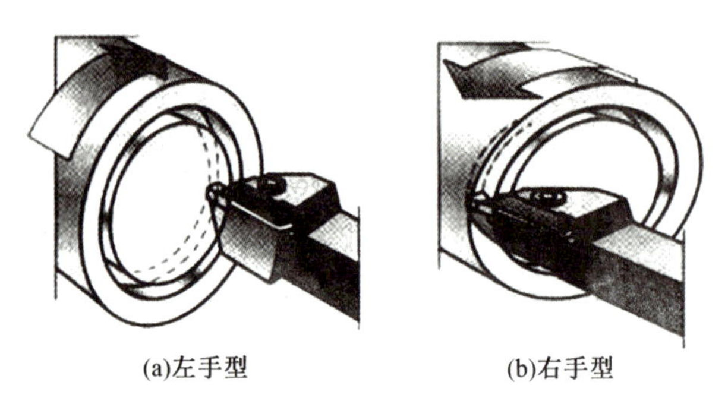

图 3-2-7 端面切槽刀装夹与切削方式

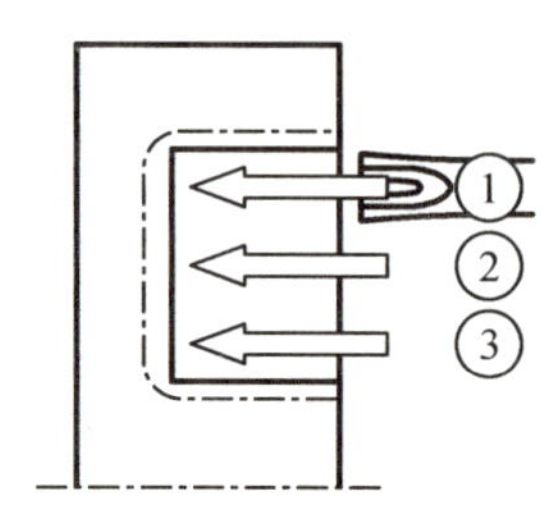

图 3-2-8 端面切槽刀粗加工进给路线

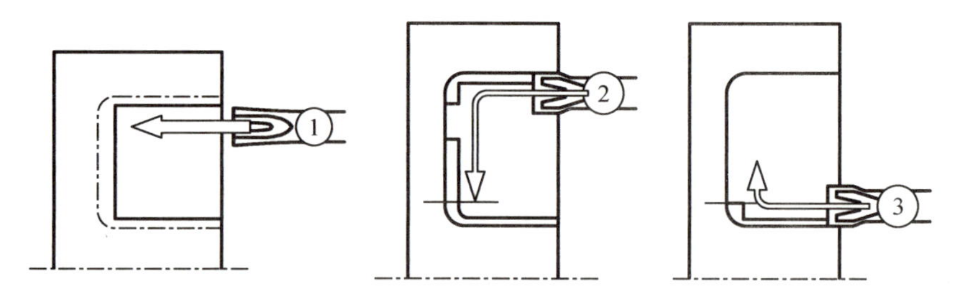

图 3-2-9 端面切槽刀精加工进给路线

4. 适合加工直径的刀具

依据被加工直径尺寸选择正确的刀具,如图 3-2-10 所示。

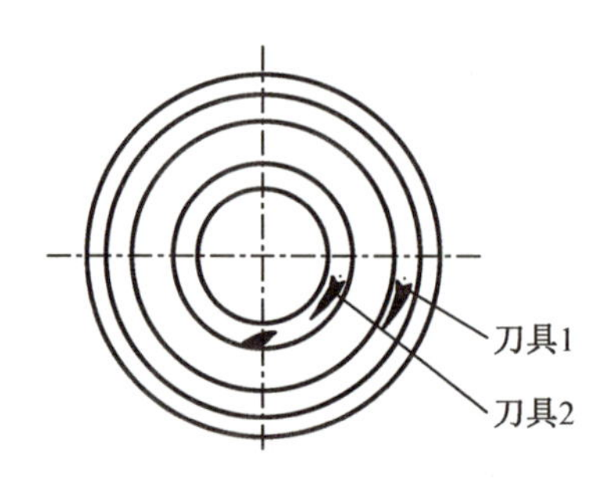

图 3-2-10 选择正确的刀具

(1)如果刀杆与工件内径发生干涉,则可能是加工直径范围错误或切削刃高于回转中心造成的。

(2)如果刀杆与工件外径发生干涉,则可能是加工直径范围错误或切削刃低于回转中心造成的。

【任务实施】

一、工具材料领用及准备

工具材料及工作准备如表 3-2-1 所示。

表 3-2-1　工具材料及工作准备

1. 工具/设备/材料				
类别	名称	规格型号	单位	数量
工具	自定心卡盘	通孔直径大于 80 mm	个	1
	机用平口钳	QH160	台	1
	扳手	和机用平口钳匹配	把	1
	平行垫铁		副	1
	木榔头		把	1
	锉刀		套	1
量具	百分表	0~8 mm/0.01 mm	块	1
	磁性表座	CA-Z3	套	1
	游标卡尺	0~150 mm/0.02 mm	把	1
	内径千分尺	5~30 mm/0.01 mm	把	1
	深度游标卡尺	0~200 mm/0.02 mm	把	1
	粗糙度样板	N0~N1 12 级	副	1
刀具	外圆车刀	主偏角 90°	把	1
	切槽刀	4 mm	把	1
	内孔车刀	硬质合金	把	1
	中心钻	A3	把	1
	高速钢立铣刀	ϕ16 mm	把	1
	高速钢钻头	ϕ9.8 mm、ϕ22 mm	把	各 1
	高速钢铰刀	ϕ10H7	把	1
耗材	圆棒料	ϕ105 mm×15 mm 45 号钢料		
2. 工作准备				
(1)技术资料:工作任务卡 1 份、教材、FANUC 系统数控操作说明书				
(2)工作场地:有良好的照明、通风和消防设施等条件				
(3)工具、设备和材料:按“工具/设备/材料”栏目准备相关工具、设备和材料				
(4)建议分组实施教学:每 2~3 人为一组,每组准备一台数控铣床。通过分组讨论完成零件的工艺分析及加工工艺方案设计,通过演示和操作训练完成零件的加工				
(5)劳动保护:穿戴劳保用品、工作服				

二、工艺分析

1. 确定装夹方案和定位基准

根据油口法兰结构特点，车削与铣削过程中，所用夹具如下：

(1)车削外圆、端面所钻中心孔采用的是自定心卡盘；

(2)铣削平面、控制法兰厚度及钻 2×ϕ10 mm 孔采用 V 形块装夹；

(3)铣削外形轮廓时以中心孔定位，采用专用夹具装夹；

(4)车削内孔及端而槽时以 2×ϕ10 mm 的孔定位，采用专用夹具装夹。

2. 选择切削用量及刀具

(1)切削用量的选择

切削用量包括背吃刀量、主轴转速和进给速度三项。连接法兰材料为 45 号钢，刀具材料均为硬质合金，切削具体要求如下：

①背吃刀量：必须考虑机床、刀具、装夹的刚性，车削最好一次切净余量，以提高生产率，根据产品实际情况，连接法兰精加工量一般不超过 2 mm，同时为了保证加工精度和表面粗糙度，留一定的精加工余量，精车余量为 0.1~0.5 mm。

②主轴转速：主轴转速应根据零件上被加工部位的直径，并按零件和刀具的材料及加工性质等条件所允许的切削速度来确定。

③进给速度：进给速度的大小直接影响表面粗糙度和车削效率，因此应在保证表面质量的前提下，选择较高的进给速度。

(2)切削刀具的选择

根据连接法兰的轮廓几何要素，在车削与铣削过程中，所用的刀具如下：

①外圆车削部分，选用外圆车刀，刀具材料采用硬质合金；

②钻孔之前先用中心钻进行钻孔定位，然后用 ϕ22 mm 钻头钻孔；

③铣削平面，根据铣削量选用 ϕ16 mm 的硬质合金铣刀；

④加工 2×ϕ10 mm 孔时，由于有精度要求，先用 ϕ9.8 mm 的钻头钻孔，然后用 ϕ10 mm 的铰刀进行精加工；

⑤车削内孔时选用硬质合金内孔车刀；

⑥车削端面槽时，由于槽宽是 5 mm，并且有精度要求，所以选用 4 mm 的切槽刀。

3. 确定加工顺序

连接法兰零件加工顺序如下：

(1)车削法兰右端部分；

(2)铣削平面及钻孔；

(3)铣削法兰外形轮廓；

(4)车削法兰中心孔；

(5)车削法兰端面槽。

三、编程

连接法兰零件平面加工程序如表 3-2-2 所示。

表 3-2-2 平面加工程序单

程序内容	说明
O3001;	程序号
G90 G54 G00 X-38.325 Y55.2 S1600 M03;	建立加工坐标系,主轴正转 1 600 r/min
Z100;	*Z* 向快速定位
Z10;	斜线下刀开始
G01 Z0 F600;	
X38.325 F800;	
G17 G02 X51.474 Y43.2 I-38.325 J-55.2;	切除余料开始
G01 X-51.474;	
G03 X-59.518 Y31.2 I51.474 J-43.2;	
G01 X59.518;	
G02 X64.399 Y19.2 I-59.518 J-31.2;	
G01 X-64.399;	
G03 X-66.813 Y7.2 I64.399 J-19.2;	
G01 X66.813;	
G02 X67.028 Y-4.8 I-66.813 J-7.2;	
G01 X-67.028;	
G03 X-65.066 Y-16.8 167.028 J4.8;	
G01 X65.066;	
G02 X60.716 Y-28.8 I-65.666 J16.8;	
G01 X-60.716;	
G03 X-53.397 Y-40.8 I60.716 J28.8;	
G01 X53.397;	
G02 X41.569 Y-52.8 I-53.397 J40.8;	
G01 X-41.569;	
M05;	主轴停止转动
M30;	程序结束

孔加工程序如表 3-2-3 所示。

表 3-2-3 孔加工程序单

程序内容	说明
O3002;	程序号
G90 G54 G00 X-36 Y0 S800 M03;	建立加工坐标系,主轴正转 800 r/min
Z100 M07;	

表 3-2-3(续)

程序内容	说明
Z50;	Z 向快速定位
G99 G83 X0 Z-6 R10.5 Q1 K0 F100;	钻孔程序
G80;	
Z100;	
X-36 Y0;	
M09;	
M05;	主轴停止转动
M30;	程序结束
O3003;	程序号
G90 G54 G00 X-36 Y0 S180 M03;	建立加工坐标系,主轴正转 1 800 r/min
Z100 M07;	
Z50;	
G01 Z1 F600;	
G01 Z-15 F20;	
Z1;	
G00 Z50 F600;	
X-36 Y0;	
G01 Z1 F600;	
G01 Z-15 F20;	
Z1;	
G00 Z100;	
M09;	
M05;	主轴停止转动
M30;	程序结束

【任务拓展】

加工图 3-1-11 所示填料盒零件,材料为 45 钢,材料规格为 ϕ41 mm×50 mm。要求:分析零件加工工艺,编制加工程序,并完成该零件加工。

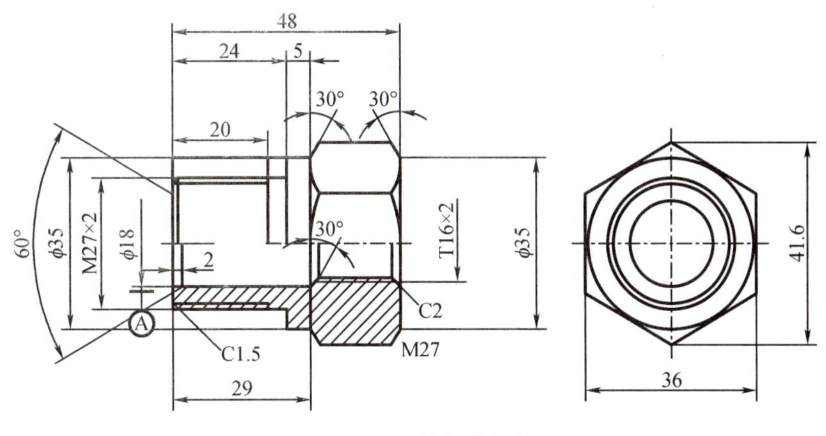

图 3-1-11　填料盒零件

【实训报告】

一、实训任务书

<table>
<tr><td>课程名称</td><td colspan="2">数控加工综合实训</td><td>项目 3</td><td colspan="2">数控车铣综合加工实训</td></tr>
<tr><td>任务 2</td><td colspan="2">连接法兰零件数控车铣复合加工</td><td>建议学时</td><td colspan="2">4</td></tr>
<tr><td>班级</td><td></td><td>学生姓名</td><td></td><td>工作日期</td><td></td></tr>
<tr><td>实训目标</td><td colspan="5">1. 能够编制简单车铣复合工艺零件数控加工的加工工艺；
2. 能够完成数控车床的基本操作并运用数控车床完成车铣复合工艺零件车削部分内容的加工；
3. 能够在数控加工中心上使用机用平口钳装校棒料毛坯零件、对刀设置工件坐标系的基本操作；
4. 能够选择简单车铣复合工艺零件加工过程中的刀具及切削用量；
5. 能够完成数控加工中心的基本操作及简单车铣复合工艺零件铣削部分内容加工</td></tr>
<tr><td>实训内容</td><td colspan="5">1. 制定连接法兰零件机械加工工艺过程卡片
会分析连接法兰零件图样，进而确定零件装夹方案、确定加工刀具、确定加工路径、确定切削参数，并填写机械加工工艺过程卡片。
2. 编制连接法兰零件数控加工程序
掌握数控车削、数控铣削加工指令，编写连接法兰零件的数控加工程序，并保证程序的准确性、合理性。
3. 利用数控车床、立式加工中心加工连接法兰零件
熟悉数控车床、加工中心机床面板各按键的功能，掌握数控车床、加工中心机床的基本操作，利用 FANUC 数控系统车床及加工中心加工连接法兰零件</td></tr>
</table>

表(续)

安全与文明生产要求	操作人员必须熟悉数控车床、加工中心机床使用说明书等有关资料;开机前应对机床进行全面细致的检查,确认无误后方可操作;机床开始工作前要有预热,认真检查润滑系统工作是否正常,如机床长时间未开动,可先采用手动方式向各部分供油润滑;数控车床通电后,检查各开关、按钮和按键是否正常、灵活,机床有无异常现象;检查电压、油压是否正常
提交成果	实训报告、连接法兰零件
对学生的要求	1. 具备机械加工工艺、数控编程的基础知识; 2. 具备数控车床、加工中心机床操作的知识; 3. 具备一定的实践动手能力、自学能力、数据计算能力、沟通协调能力、语言表达能力和团队意识; 4. 执行安全、文明生产规范,严格遵守实训车间制度和劳动纪律; 5. 着装规范(工装),不携带与生产无关的物品进入实训场地; 6. 完成"连接法兰零件数控车削加工"实训报告,并加工出连接法兰零件
考核评价	评价内容:程序及工艺评价;机床操作评价;工件质量评价;文明生产评价等。 评价方式:由学生自评(自述、评价,占10%)、小组评价(分组讨论、评价,占20%)、教师评价(根据学生学习态度、工作报告及现场抽查知识或技能进行评价,占70%)构成该同学该任务成绩

二、实训准备工作

<table>
<tr><td>课程名称</td><td colspan="3">数控加工综合实训</td><td>项目 3</td><td>数控车铣综合加工实训</td></tr>
<tr><td>任务 2</td><td colspan="3">连接法兰零件数控车铣复合加工</td><td>建议学时</td><td>4</td></tr>
<tr><td>班级</td><td></td><td>学生姓名</td><td></td><td>工作日期</td><td></td></tr>
<tr><td>场地准备描述</td><td colspan="5"></td></tr>
<tr><td>设备准备描述</td><td colspan="5"></td></tr>
<tr><td>刀、夹、量、工具准备描述</td><td colspan="5"></td></tr>
<tr><td>知识准备描述</td><td colspan="5"></td></tr>
</table>

三、实训记录

1. 连接法兰零件机械加工工艺过程卡

<table>
<tr><td colspan="2">产品名称及型号</td><td></td><td colspan="2">零件名称</td><td colspan="2"></td><td colspan="2">零件图号</td><td colspan="2"></td></tr>
<tr><td rowspan="3">材料</td><td>名称</td><td>45 号钢</td><td rowspan="2">毛坯</td><td>种类</td><td colspan="2">棒料</td><td rowspan="2">零件质量/kg</td><td>毛重</td><td rowspan="2"></td><td>共 1 页</td></tr>
<tr><td>牌号</td><td></td><td>尺寸</td><td colspan="2">ϕ105 mm×15 mm</td><td>净重</td><td>第 1 页</td></tr>
<tr><td>性能</td><td colspan="3"></td><td>每台件数</td><td colspan="2"></td><td>每批件数</td><td colspan="2"></td></tr>
</table>

<table>
<tr><td rowspan="2">工序</td><td rowspan="2">工步</td><td rowspan="2">工序内容</td><td rowspan="2">同时加工零件数</td><td colspan="3">切削用量</td><td rowspan="2">设备名称及编号</td><td colspan="3">工艺装备名称及编号</td><td rowspan="2">技术等级</td><td colspan="2">工时额定</td></tr>
<tr><td>背吃刀量/mm</td><td>切削速度/(mm/min)</td><td>主轴转速/(r/min)</td><td>夹具</td><td>刀具</td><td>量具</td><td>单件</td><td>准备—终结</td></tr>
<tr><td></td><td></td><td></td><td></td><td></td><td></td><td></td><td></td><td></td><td></td><td></td><td></td><td></td><td></td></tr>
<tr><td></td><td></td><td></td><td></td><td></td><td></td><td></td><td></td><td></td><td></td><td></td><td></td><td></td><td></td></tr>
<tr><td></td><td></td><td></td><td></td><td></td><td></td><td></td><td></td><td></td><td></td><td></td><td></td><td></td><td></td></tr>
<tr><td></td><td></td><td></td><td></td><td></td><td></td><td></td><td></td><td></td><td></td><td></td><td></td><td></td><td></td></tr>
<tr><td></td><td></td><td></td><td></td><td></td><td></td><td></td><td></td><td></td><td></td><td></td><td></td><td></td><td></td></tr>
<tr><td></td><td></td><td></td><td></td><td></td><td></td><td></td><td></td><td></td><td></td><td></td><td></td><td></td><td></td></tr>
<tr><td></td><td></td><td></td><td></td><td></td><td></td><td></td><td></td><td></td><td></td><td></td><td></td><td></td><td></td></tr>
<tr><td></td><td></td><td></td><td></td><td></td><td></td><td></td><td></td><td></td><td></td><td></td><td></td><td></td><td></td></tr>
<tr><td></td><td></td><td></td><td></td><td></td><td></td><td></td><td></td><td></td><td></td><td></td><td></td><td></td><td></td></tr>
<tr><td></td><td></td><td></td><td></td><td></td><td></td><td></td><td></td><td></td><td></td><td></td><td></td><td></td><td></td></tr>
<tr><td></td><td></td><td></td><td></td><td></td><td></td><td></td><td></td><td></td><td></td><td></td><td></td><td></td><td></td></tr>
<tr><td></td><td></td><td></td><td></td><td></td><td></td><td></td><td></td><td></td><td></td><td></td><td></td><td></td><td></td></tr>
</table>

抄写		校对		审核		批准	

2. 零件加工程序单

程序内容	程序说明

3. 任务实施情况分析单

任务实施过程	存在的问题	解决的办法
机床操作		
加工程序		
加工工艺		
加工质量		
安全文明生产		

四、考核评价表

考核项目	技术要求	分值	学生自评（10%）	小组评分（20%）	教师评分（70%）	实得分
程序及工艺（15%）	程序正确完整	5				
	切削用量合理	5				
	工艺过程规范合理	5				
机床操作（20%）	刀具选择安装正确	5				
	对刀及工件坐标系设定正确	5				
	机床操作规范	5				
	工件加工正确	5				
工件质量（40%）	尺寸精度符合要求	30				
	表面粗糙度符合要求	8				
	无毛刺	2				
文明生产（15%）	安全操作	5				
	机床维护与保养	5				
	工作场所整理	5				
相关知识及职业能力（10%）	数控加工基础知识	2				
	自学能力	2				
	表达沟通能力	2				
	合作能力	2				
	创新能力	2				
总分		100				

参考文献

[1] 徐元昌. 数控技术[M]. 北京:中国轻工业出版社,2020.
[2] 李体仁. 数控加工与编程技术[M]. 北京:北京大学出版社,2011.
[3] 王怀明,程广振. 数控技术及应用[M]. 北京:电子工业出版社,2011.
[4] 周保牛,刘江. 数控编程与加工技术[M]. 3 版. 北京:机械工业出版社,2019.
[5] 孟超平,康俐. 数控编程与操作[M]. 北京:机械工业出版社,2019.
[6] 郑晓峰,李庆. 数控加工实训[M]. 北京:机械工业出版社,2020.
[7] 关雄飞. 数控加工工艺与编程[M]. 北京:机械工业出版社,2011.